Mathematical Modeling
in the Elementary School Curriculum

수학적 모델링

초등수학 중심으로

김민경 지음

Mathematical Modeling

KYOWOOSA 教友社

이 책은 2008년도 정부재원(교육인적자원부 학술연구조성사업비)으로
한국학술진흥재단의 지원을 받아 연구되었음(KRF-2008-327-B00627)

머리말

사회 전반에 걸쳐 창의적 문제해결력이 강조됨에 따라 학생들의 실제적인 문제해결력 향상은 교육 전반에 걸쳐 주목받는 화두일 것이다. 특히 창의적 문제해결력을 강조하는 21세기 지식 정보사회에서는 실세계 상황의 문제들을 창의적이고 수학적으로 사고하여 해결하는 능력을 요구하고 있다. 이에 학교수학교육에서는 학생들 스스로 문제상황을 탐색하고 수학적 지식과 사고 방법을 토대로 적절한 문제해결방법을 활용하여 창의적으로 문제를 해결하는 활동과 생활 주변의 자연, 사회현상에서 파악된 문제를 해결하면서 수학적 개념·원리·법칙을 탐구하고 일반화하는 활동을 중시하고 있다. 최근 들어 이를 가능하게 하는 방법 중 하나로 '수학적 모델링'에 관한 관심이 고조되고 있는데 수학적 모델링은 실생활 상황에서의 구조화되지 않은 문제에 수학을 적용하도록 함으로써 비구조화된 현실 세계의 문제에 수학을 응용하여 해결하는 것을 말한다.

National Council of Teachers of Mathematics [NCTM](1991, 2000)은 실생활 문제를 수학적으로 해결하는 능력의 개발과 신장을 위해 현실 상황을 수학화하는 능력을 강조함으로써 실세계의 다양한 현상과 문제들을 분석·해석하고 해결하는데 수학적 모델링의 활용을 강조한바 있다. 또한 우리나라의 경우 최근 개정된 2007 개정교육과정(교육과학기술부, 2008)에서도 수학과 총괄 목표에 제시된 수학적 지식과 기능 습득의 부분을 상세화하여 생활 주변에서 일어나는 여러 가지 현상을 관찰하여 그 현상의 본질을 수학적으로 조직하는 활동을 통해 기초적인 개념과 원리, 법칙 등을 발견하고 이해하도록 지도해야 할 필요성을 언급함으로써 수학적 모델링의 지도에 대하여 강조한 바 있다.

전통적으로 언급되어졌던 수학적 모델링이 주로 중고등학생을 위해 마련되어진 것이었으나, English(2002) 및 English와 Watters(2005) 등의 최근 연구로 볼 때, 어린 학생들도 단순한 수 세기와 측정 이상을 포함하는 상황을 다룰 수 있을 뿐만 아니라, 초등수준의 아동들도 모델링 문제에 성공적으로 참여하여 문제 상황에서 만들어낸 수학적 아이디어를 개발·일반화하고 공유함으로써 의사소통기능을 향상시킬 수 있다는 기대를 해 본다.

하지만, 우리나라의 경우 초등학교에서의 수학적 모델링의 연구는 더욱 미흡한 실정이며 초등학교에서의 적용이 논의되기 시작하는 상황이다. 이에 초등학교에서의 수학적 모델링 개발 및 적용을 위한 실제적인 자료를 제공하기 위해 본 서는 기술되었다.

제 I 부는 수학적 모델링에 관한 개요 부분으로 국내외 학자들에 의해 정립되어 온 개념을 정리하고 각자가 주장하는 모형 및 절차를 비교 분석하여 기술되었다. 이는 수학적 모델링에 관심을 갖기 시작하는 연구자들에게 수학적 모델링에 대한 개념의 의미 정립에 도움이 되리라 믿는다.

제 II 부는 수학적 모델링의 사례 고찰을 위하여 실제 학교 수학교실로 적용한 국내외 초등 및 중등의 사례를 분석하였으며 교육과정의 실행적 측면을 살펴보기 위하여 국내외 교과서의 문제 제시 형태도 분석하여 제시하였다.

제 III 부는 앞에서의 문헌 및 사례 고찰을 기초로 하여 초등학교에서의 수학적 모델링 적용의 가능성을 제공하기 위해 먼저 초등교사들을 상대로 실시한 설문 결과를 제시하였으며 우리나라 교육과정에 적용할 수 있는 4학년, 5학년, 6학년 수학적 모델링 프로그램의 개발 과정 및 구성 방향을 제시하였다.

제 IV 부는 제8장, 제9장, 제10장에서 각각 4학년, 5학년, 6학년의 개발 사례를 제시하고 이를 초등학교 교실에서 적용한 사례를 제시하였다.

본 저서는 한국연구재단의 "2008~2009년도 기초연구지원사업"의 일환으로 진행된 연구의 산출물로서 수학적 모델링의 다양한 접근을 모색하는 차원에서 초등학교 교실에서의 적용을 돕고자 기술되었다. 본 서는 연구의 산출물 중에서 연구논문들(김민경, 민선희, 강선미, 2009; 김민경, 홍지연, 김은경, 2009; 김민경, 홍지연, 김혜원, 2010 등)이 부분적으로 요약, 정리되어 이론적 틀과 기술의 흐름의 토대를 제공하였다. 본 연구는 초등전문가들 간의 긴밀한 협력 연구로 수행되었으며, 본 연구를 지원한 한국연구재단에 감사드린다. 또한 연구계획서 준비 단계에서부터 결과보고서 마무리 단계까지 연구보조원으로써 연구에 참여하면서 배움과 새로움에 대한 지치지 않는 열정과 학문의 기쁨을 함께 해 주고 방대한 연구결과물을 정련하고 편집하는데 도움을 준 연구참여자(김은경: 4학년 개발; 강선미: 5학년 개발; 홍지연: 6학년 개발; 김혜원과 민선희: ICT 개발; 이지영, 이경옥과 황상아: 전체 진행 지원 등) 모두에게 큰 감사의 마음을 전한다. 또한 본 저서의 출판을 흔쾌히 수락해 주시고 지속적으로 집필을 독려해 주신 교우사 안창웅 부장님과 오판근 사장님을 비롯한 출판사 여러분의 노고에 감사드린다.

2010년 10월

김민경

목 차

제 I 부 수학적 모델링의 기초연구

제 II 부 수학적 모델링 프로그램 설계

제 III 부 수학적 모델링 프로그램 실제 및 적용 사례

PART I

Mathematical Modeling

수학적 모델링의 기초연구[1)]

1) 김민경, 홍지연, 김은경(2009)의 내용 중 일부 요약 기술됨.

MEMO

제 1 장 수학적 모델링의 개념

일반적인 용어로서 모델은 어떤 대상의 크기를 줄여서 만든 물리적 복제품을 말하는 것으로 어떤 복잡한 체계의 행위에 대해 기술하고, 뜻을 이해하며, 설명하거나 예상하는데 사용된다. 모델들은 어떤 구체적 상황에서 특정한 목적을 달성하기 위해 개발되며, 학습과 문제 해결 상황이 처해있는 형태와 관련이 있다(English, 2003; Greeno, 1991; Lesh & Lehrer, 2003). 모델은 요소, 요소 사이의 관계, 요소들이 어떻게 상호작용 하는지를 기술하는 연산, 앞서 기술된 관계와 연산에 적용되는 대칭, 교환, 변환과 같은 패턴이나 규칙으로 구성된 체계이며(Lesh & Doerr, 2000), 모델들은 어떤 다른 유사한 체계의 행위를 묘사하거나 설명하거나 혹은 예측하는데 사용될 수 있는 요소, 작동, 관계 및 규칙의 체계이다(Doerr & English, 2003).

모델에 대하여 Lesh와 Doerr(2000)는 모델 개발을 학습으로 보았는데, 모델 유도 활동에서의 산출물은 문제에 대한 단순한 답이 아니라 학생들의 '사고의 방법'으로서, 학생들이 문제에 대한 해결책을 발전시킬 때 그들은 학습을 하고, 학습하는 것을 기록한다고 언급하고 있다. 모델 개발 과정의 각 단계는 보통 다른 학습자들과 상호작용하면서 학습자들에 의하여 반복적으로 정련화되고 재구성되는 해석, 기술, 추측, 설명, 정당화의 다양한 사이클을 포함한다. 모델링을 통한 학생들의 개념적 발달에 대한 이러한 관점은 모델을 세우는 것에 대한 비선형적, 순환적 접근을 가정한 선행연구에서 나타난다(Doerr & English, 2003).

수학적 모델은 실세계 상황의 측면을 나타내기 위해 선택된 하나 이상의 수학적 실재(존재)와 그것들 사이의 관계의 조합으로(Niss, 1989), 어떤 현상에 내포된 특성을 유사하게 지니면서 함수 혹은 방정식처럼 수학적 개념을 활용하여 만들어낸 수학적 구조를 말한다(Edward & Hamson, 1989). NCTM(2000)은 복잡한 현실 상황에서 구성 요소와 관계를 수학적으로 표현한 것을 수학적 모델로 보고, 학생들은 다양한 범주의 실제적인 현상을 해석하고 분석하며 문제를 해결하기 위하여 이러한 수학적 모델을 사용할 수 있다고 언급하고 있다.

특히 Doerr와 English(2003)는 표상과 모델의 관련성에 대해 모델은 모델화되는 체계의 다이나믹하고 상호작용적인 특성을 강조하는 경향이 있는 반면 표상은 모델화되는 체계 속에 있는 사물들에 관심을 두는 경향이 있다고 지적하기도 하였다.

Mathematical Modeling

제2장 수학적 모델링의 모형 및 절차

모델링은 세 가지 체계 사이의 상호작용을 의미하는 것으로, 다음 [그림 2-1]과 같이 내면적인 개념적 체계, 내면의 개념적 시스템의 외면화와 외부의 체계의 내면화로서 기능하는 표상적 체계, 자연에서 경험하거나 혹은 인간에 의해 구성된 결과물인 외현적 체계들의 상호작용을 말한다(Lesh & Doerr, 2000).

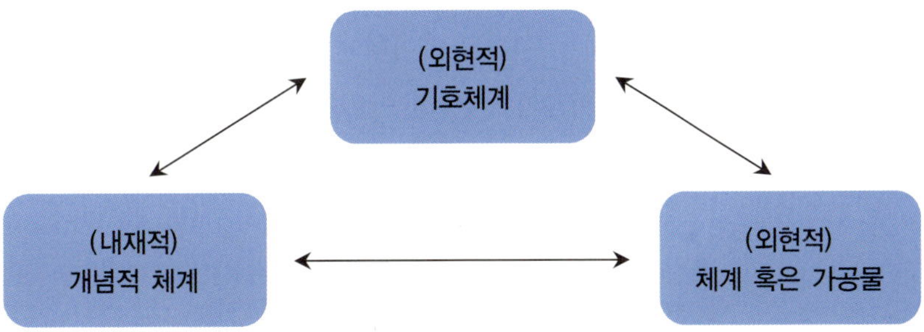

[그림 2-1] 세 종류의 체계 사이의 모델링 상호작용(Lesh & Doerr, 2000, p.364)

Lesh와 Doerr(2000)에 따르면, 모델링은 학습자의 표상적 능력을 심히 요구하는 수학적 기술과 설명을 개발하기 위한 전문화된 언어, 상징, 그래프, 그림, 구체적 자료, 그리고 다른 기호체계들의 사용과 대개 관련이 있으며, [그림 2-2]처럼 학생들은 전통적인 문장제 문제에서 상징적인 그래프의 기술에 대한 의미를 알아내거나 의미를 이해하려고 노력하지만, 수학구조가 사용되는 실생활 상황에서 의미 있는 상황에 대한 수학적(상징적인 그래프의) 기술을 만들어내게 된다.

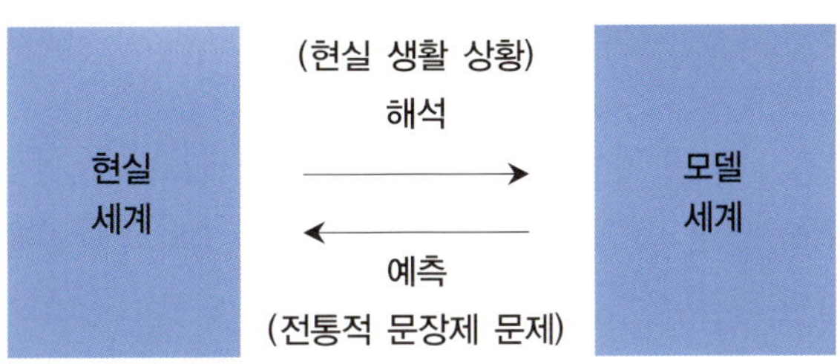

[그림 2-2] 수학화 vs 의미의 해독(Lesh & Doerr, 2000, p.376)

이와 같은 모델링에 대한 관점은 중요한 수학적 구성을 형성하도록 유도하는 기계적이지 않은 문제 상황들로 학생들을 끌어들이는 것을 시작으로 하여 맥락의 범위에서 재사용이 가능한 시스템과 모델을 유도하는 다른 문제 상황들에서 그 구성들을 확장하고 탐구하고 적용하도록 하는 활동들에 대한 교수적 절차의 개발을 유도한다고 볼 수 있다(Doerr & English, 2003).

English(2003)는 모델링 활동을 프로이덴탈의 논제와 일치하는 것으로 보고, 이러한 모델링 활동들이 학생들로 하여금 비형식적인 이해와 추측들을 형식화하고 일반화할 수 있는 능력을 기르도록 하기 위하여 개발된다고 보았다. 또 모델링 활동의 다른 주요 측면은 학생들이 그들의 학습을 기록하고 그들의 생각을 설명하는 것으로, 학생들은 문제들을 해결하고, 그들의 생각과 설명들을 웹기반 형식을 포함한 쓰기의 형식으로 기록하면서 그들의 아이디어를 모둠의 구성원들과 공유함으로써 행하며, 표, 그래프, 차트, 그림과 같은 수학적 표상들의 사용은 기록 과정에 대하여서 중요한 구성성분이 된다고 보았다.

모델링 활동은 또한 교사들에게 도전하고 사고를 자극하는 경험을 제공하는데, 이러한 활동을 수행할 때 교사들은 학생들이 개발하는 수학적 아이디어들의 특성을 규명하고, 이 개발을 지원하기 위해 전략들을 고려하며, 규준이 되는 다양한 아이디어들을 공유하는 학습 공동체를 자극할 필요가 있다. 그러한 학습 경험들은 수학 학습을 위한 모델링 접근에 있어서 중심적이다(Bransford et al., 1996; Doerr, 1997; Doerr & English, 2003; English, 2002, 2003, 2006).

Open University(1990)와 Skovsmose(1994)는 모델링을 각각 대상 모델링(object modelling), 경험적 모델링(empirical modelling), 이론적 모델링(theoretical modelling) 및 제한된 모델링(pointed modeling), 확대된 모델링(extended modeling)으로 나누어 설명하고 있다. Open University(1990)의 분류에 따르면, 우선 대상 모델링은 실제적이고 물리적인 대상을 활용하여 모델링함으로써 문제를 해결하는 것을 말하고, 경험적 모델링은 현실 세계에서 실험을 함으로써 주어진 문제 속에 내포된 관계를 찾아내는 것을 말하며, 이론적 모델링은 제시된 현실 문제 상황에 여러 가지 수학의 개념, 원리, 법칙들을 적용함으로써 문제를 해결하는 방법을 말한다. 한편 Skovsmose(1994)의 분류의 경우, 제한된 모델링은 모델링의 영역과 대상을 논리적이고 체계적인 문제들에 한정하고 이를 형식적인 언어를 통해 분석·해석하고 모델링하는 것을 의미하며, 확대된 모델링은 모델링의 영역과 대상을 현실 생활 전체로 확대하여 사회 전체의 문제를 해결하기 위한 일부분으로서 수학을 다루는 것을 말한다.

수학적 모델링은 현실 세계의 현상을 해석·분석·종합하여 관계를 파악하고 결론 및 해결책을 모색하는 문제해결의 한 유형으로(Swetz, 1991; Swetz & Hartzler, 1991) 비구조화된 실생활 문제에 수학을 응용하여 해결하는 것을 뜻한다(Galbraith & Caltworthy, 1990; Zbiek, 1998). 수학적 모델링은 방정식이나 부등식 혹은 그래프나 표 만들기, 알고리즘 등을 활용하여 수학적 모델을 개발하게 되는 과정 전체로 볼 수 있으며(Swetz, 1991), 이러한 수학적 모델링은 복잡한 수학이론을 바탕으로 한 복잡한 현상을 단순화하거나, 수학화가 이루어지도록 하는 하나의 방법으로 활용될 수 있다(Freudenthal, 1991). 수학적 모델링과 관련된 국외의 여러 연구들(예 Boaler, 2001; Bughes, 1980; Doerr & English, 2003; English, 2006; English & Watters, 2005a, b; Llinares & Roig, 2008; Verschaffel & De Corte, 1997; Zibiek & Conner, 2006)은 학교수학교육 현장에서 수학적 모델링 과제를 제시하고 학생들로 하여금 이를 해결하도록 함으로써, 초·중·고등학생들의 수학 학습 이해 및 문제해결력 향상의 한 방안으로 수학적 모델링이 활용되고 있음을 보여주고 있다.

English와 Watters(2005a, b)는 어린이들이 전통적으로 가능하다고 믿어왔던 것보다 어린 나이에 모델, 일반화, 정당화하기를 배울 수 있고, 이런 활동에 참여하는 것이 학생들의 과학적, 수학적 추론 능력 향상에 도움을 준다고 보고 있으며, 초등학교는 모든 어린이들이 수학적 모델링의 의미있는 전개가 시작되어야 할 교육적 환경이므로 초등학교에서부터 수학적 모델링이 이루어져야 한다고 주장하고 있다.

Open University(1990)는 이러한 수학적 모델링의 과정을 [그림 2-3]과 같이 실생활 문제, 가설 설정, 수학적 문제, 문제 해결, 해에 대한 해석, 모델에 대한 정당화, 의사소통의 7단계로 나누고 있는데, 이 과정에서 실세계와 수학적 세계 사이의 번역 단계에 속한 가설 설정 단계와 답에 대한 해석 단계는 실세계와 수학적 세계를 연결해 주고 있다(Galbraith & Caltworthy, 1990).

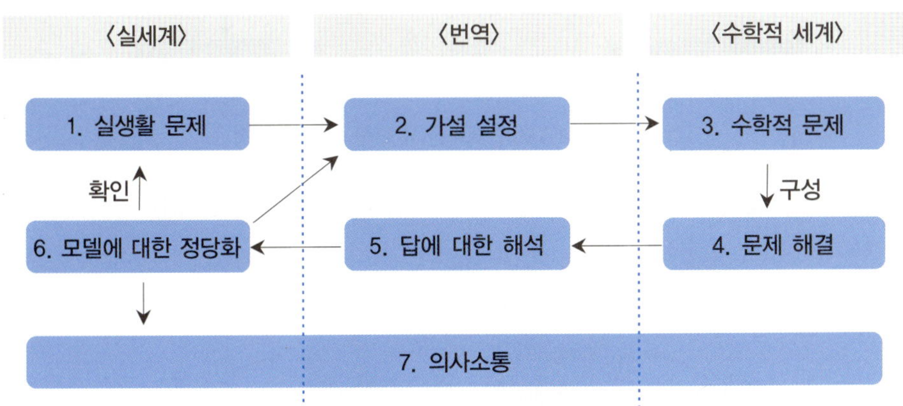

[그림 2-3] Open University(1990)의 수학적 모델링 과정(조원주, 2002, 재인용)

Maki와 Thompson(1973), NCTM(1991), Lesh와 Doerr(2003)은 수학적 모델링의 과정을 실세계와 모델 세계 사이의 순환 과정으로 설명하고 있는데, [그림 2-4]와 같이 Maki와

Thompson(1973)의 과정은 현실적 문제, 현실적 모델, 수학적 모델, 수학적 결과의 순환 과정으로 설명되고 있으며, NCTM(1991)이 제시한 수학적 모델링 과정의 경우 [그림 2-5]와 같이 실세계 현상, 수학적 모델, 수학적 결론, 결론 및 예측의 과정으로, Lesh와 Doerr(2003)의 경우 [그림 2-6]에서처럼 현실 세계와 모델 세계 사이를 기술, 조작, 예측, 확인을 통해 순환하는 과정으로 나타나고 있다.

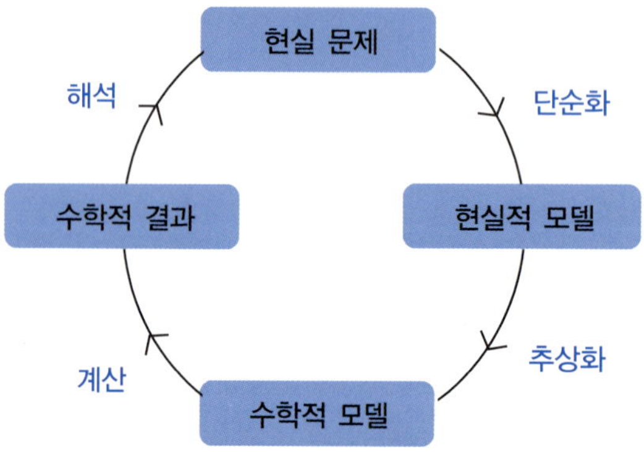

[그림 2-4] Maki & Thompson(1973)의 수학적 모델링 과정
(Paul E. Kehle & Frank K. Lester, Jr, 2003, p. 98, 재인용)

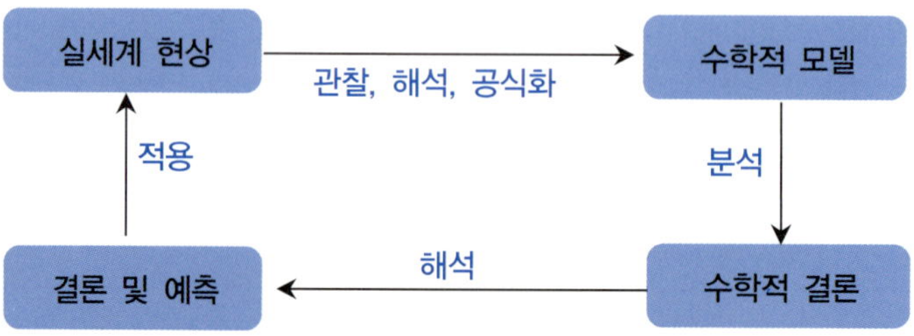

[그림 2-5] NCTM이 제시한 수학적 모델링 과정
(Swetz & Hartzler, 1991, p. 3)

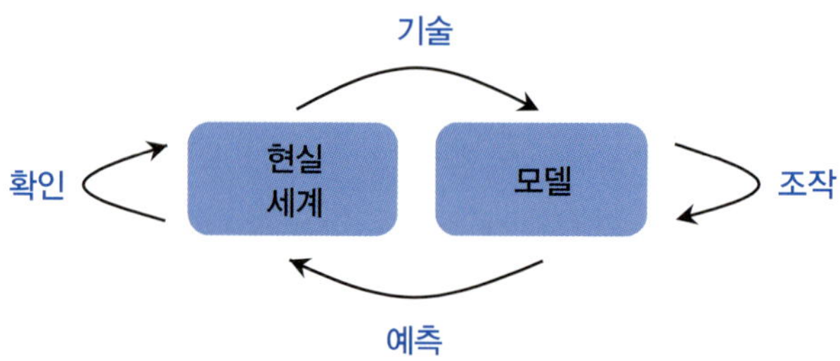

[그림 2-6] Lesh와 Doerr의 수학적 모델링 과정
(Lesh & Doerr, 2003, p. 17)

특히 Lesh, Cramer, Doerr, Post와 Zawojewski(2003)는 수학적 모델링 과정을 다음의 [그림 2-7]과 같이 모델유도활동, 모델탐색활동, 모델적용활동의 측면에서 정리하고 있다.

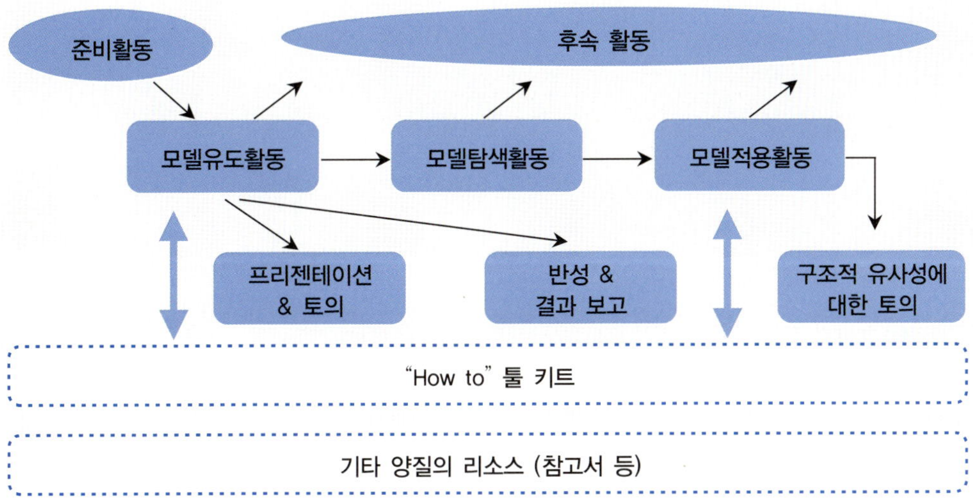

[그림 2-7] 수학적 모델링 활동 과정
(Lesh, Cramer, Doerr, Post & Zawojewski, 2003, p.57)

이와 같은 흐름은 학교 현장에서의 수학 교수·학습 상황과 관련성을 가지는 것으로 볼 수 있으며, 이는 앞서 제시된 여러 수학적 모델링 과정들과 함께 연계되어 수정됨으로써 수학적 모델링을 우리나라 수학교육 현장에 적용하는 데 접목시켜 볼 수 있을 것으로 보인다.

제3장 수학적 모델링의 국외 사례

01 연구 논문 중심 분석

수학적 모델링의 국외 사례 분석을 위하여 다음 〈표 3-1〉은 수학적 모델링에 관한 외국 논문지들(Educational Studies in Mathematics, H.L. & Vincent J.L (Eds.), International Journal of Science and Mathematics Education, Journal for Research in Mathematics Education 중심으로 분석)에 수록된 예비교사, 중고등학생과 초등학생을 대상으로 한 수학적 모델링 사례 연구를 분석한 것이다. 학회지에 수록된 년도 순으로 정리하여 연구자, 내용, 세부 내용, 실험대상, 모델링 과제 순으로 수학적 모델링에 대한 사례 연구를 분석하였다.

〈표 3-1〉에서 보여지는 것처럼 외국에서 이루어지고 있는 수학적 모델링 사례 연구는 초등, 중고등학생 및 예비교사 등을 대상으로 현실적 맥락의 모델링 과제가 각 대상들에게 제시되어 연구되었다. 외국에서 이루어졌던 수학적 모델링 관련 연구들을 살펴보면, 우선 Burghes(1980)의 학교에서 수학의 응용을 가르치기 위하여 수학적 모델링을 가르치는 것에 관한 연구와 수학적 모델링은 학습에 대한 새로운 이론으로서 모델링 접근이 지식에 더하여 실세계 상황에 유용하고 중요한 실습의 범위를 확장하도록 한다는 Boaler(2001)의 연구와 같이 이론적으로 접근했던 연구들이 있다.

다음으로 수학적 모델링이 교육과정과 관련지어 이루어졌던 연구로서 Zbiek과 Conner(2006)가 수학교육과정에 대한 학생들의 이해를 심화시키기 위한 맥락으로서 모델링을 탐구한 것을 들 수 있다. Lingfjard(2002)는 수학적 모델링을 통해 문제를 해결하는 학습자의 태도뿐만 아니라 평가와도 관련지어 논의하였고, Doerr와 English(2003)는 수학적 모델링이 중학생들로 하여금 주어진 문제를 해결하는 동안 추론을 통해 일반화 가능하고 재사용이 가능한 모델을 만들어내며, 나아가 자료의 처리 및 의사결정에 대한 다양한 아이디어 개발을 가능하게 함을 분석하고 있다.

초등학생을 대상으로 한 초기의 연구로는 수학적 모델링의 지도가 초등학생들로 하여금 실제적인 수학적 모델링에 대한 사고를 개발하도록 함을 규명한 Verschaffel과 De Corte(1997)의 연구와 초등학교 5·6학년 학생들이 서수를 포함한 비표준적인 덧셈과 뺄셈의 문장제 문제를 모델링

활동을 통해 해결하는 과정에서 나타나는 오류유형을 분석한 Verschaffel, De Corte와 Vierstraete (1999)의 연구가 있다. 또한 최근 초등학생을 대상으로 한 수학적 모델링 연구로는 실세계 맥락 자료를 활용하여 학생들이 아직 학습하여 경험하지 못한 내용을 수학적 모델링을 통해서 문제를 해결힐 수 있다는 English와 Watters(2005a, 2005b), English(2006)의 연구가 있다.

〈표 3-1〉 **수학적 모델링 연구 사례** (외국 학회지 중심)

연구자	내용	세부내용	실험대상 (나이)	모델링 과제 제목
Boaler (2001)	삼각함수	다양한 형태의 면적을 구하기 위한 삼각법 이용하기	(11-13)	- 피닉스 공원 프로젝트
Doerr & English (2003)	자료의 처리 및 의사결정	자료에 대한 수학적 추론을 통해 일반화, 재사용 가능한 모델 만들기	• 미국(12-13) • 호주 6학년 (10-11)	- 스니커즈 문제 - 식당, 날씨, 여름캠프 문제 - 범죄 문제
English & Watters (2005a)	변화, 변화율, 집합, 평균, 속도	실제적 상황 속의 자료를 활용하여 경향이나 규칙을 찾아 예측하는 과정에서 결론 도달	3학년 (8)	- 버터콩 문제 - 종이 비행기 콘테스트
English & Watters (2005b)	자료 분석	학생들의 모델 활동 속에서 순열, 집합, 서열, 반비례, 변수의 가중 등의 비공식적 이해가 드러남	4학년 (9)	- 2004 올림픽을 위한 오스트레일리아 수영팀 선발
English (2006)	자료 해석	교실 수업에서 경험하지 못한 개념인 평균, 비와 비율, 서열, 샘플링, 일반화의 중요한 수학적 아이디어 출현	5학년 (10)	- 최고의 스낵 결정 위한 소비자 안내 창안
Zbiek & Conner (2006)	수학적 모델 만들고 증명하기	컴파스, 각도기, 자, 계산기 등을 이용하여 작도, 해석, 다양한 방법으로 문제해결	예비교사	- 병원의 최적 위치 구하기
Carrejo & Marshall (2007)	수학과 과학의 연결 : 물리학	등속과 가속운동을 위한 수학적 모델 개발하기	예비교사	- 움직임 묘사하기 - 등속 측정하기 - 등속을 위한 수학적 모델을 개발하기 - 스파크 타이머를 가지고 가속하기 - 가속운동을 위한 수학적 모델을 개발하기

연구자	내용	세부내용	실험대상 (나이)	모델링 과제 제목
Lesh & Cayior (2007)	데이터 모델링	종이비행기의 낙하지점을 표현하기 위한 수학적 모델을 적용하고 수학적 모델 개발하기	중학생	- 종이비행기 문제
Llinares & Roig (2008)	- 일차함수 그래프와 방정식 - 넓이와 둘레의 길이	• 1차 함수 그래프의 기울기를 이해하고 변수의 크기에 따른 영향력 분석 • 동일한 넓이에서 가장 짧은 둘레의 길이를 가진 직사각형은 정사각형임을 알기	중등 (15-16)	- 구인 광고 - 축제 인클로저 - 댄스 플로어
Lesh, Middleton & Caylor (2008)	데이터 모델링	학생들의 성적을 수집한 데이터를 이용해 추론하고 새로운 수학적 모델 구성하기	-대학원생 -초등교육학부생 -중학생과 교사	- Drills and Skills 문제
Doorman & Gravenmeijer (2009)	발현적 모델링 (emergent modeling) - 미적분	허리케인의 이동경로를 추론하고 수학적 모델을 이용해 나타내기	중학생 (10학년)	- 허리케인 문제
Villarreal, Esteley & Mina (2010)	ICT를 활용한 수학적 모델링	(1) 11~12세- 화물 운반을 하기 위해 이동경비를 계산하기 위한 수학적 모델 개발하기 (2) 대학생-일정기간 후 농작물의 성장결과를 추론하기 위한 수학적 모델 개발하기	11-12세 & 대학생	(1) 11-12세 - 'Timber transportation' (2) 대학생 - 농작물 성장 문제
Turker, Saglam & Umay (2010)	수학적 모델 만들고 증명하기	초등예비교사들의 수학적 모델링 관점과 수행에 대한 연구	초등 예비교사	(1) Pack It Them (2) Delivering the Mail (3) The Greeting of Forest Acres (4) Getting the Word Out Were Used
Erdogan (2010)	모델링 도구로서 함수 활용하기	예비교사들을 대상으로 4개의 문제를 해결하도록 하여 수학적 모델링 도구로서 함수를 활용하는 능력을 평가	초등 예비교사 (학부 1학년생)	통신사 요금문제, 최소한의 금속을 활용하여 주석을 생산하는 문제, 학교까지의 이동시간 문제, 일정 크기의 컵을 이용해 피처에 담을 수 있는 물의 양 계산 문제

02 사례 모음

초등학교의 경우 Doerr 와 English(2003)의 스니커즈 문제, 식당, 날씨, 여름캠프 문제, 범죄 문제, English와 Watters(2005a, b)의 버터콩 문제, 종이비행기 콘테스트, 2004 올림픽을 위한 오스트레일리아 수영팀 선발, English(2006)의 최고의 스낵 결정을 위한 소비자 안내 창안 등이 있다. 각 사례를 정리하면 다음과 같다.

(1) English(2006)의 모델링 사례2)

사례명 소비자 가이드(Consumer Guide)

연구개요

"가장 좋은 스낵 칩을 결정하기 위해 소비자 가이드 만들기"라는 모델링 문제에 대하여 학생들은 일주일 주기로 40~45분씩 6번 활동을 하게 된다.

〈특징〉

- 새로운 문제를 수행하기 전·후에 연구자들과 교사들은 필수적으로 회의를 하였으며, 이 논문은 아동들의 발달에만 중점을 두고 있음.
- 모델링 문제들은 해결에 대한 많은 접근들을 가능하게 했고, 수학적 아이디어들은 몇 가지 단계로 접근될 수 있음.
- 프로그램은 아동들이 자료에 대한 다양한 표들을 해석하고 다루는 것; 양을 창조, 사용, 수정, 그리고 변환하는 것; 질적인 자료를 수량화 하는 것; 구조를 연산적으로 정의하는 것; 관계와 성향을 탐구하는 것; 그리고 발견한 것을 시각적이고 문자화된 형태로 표현하기 등을 포함하고 있음.

연구방법

- 연구대상 : 호주 퀸즈랜드의 사립 초등학교의 한 학급 아동들과 교사들
- 연구기간 : 연구대상 아동이 5학년(10세) 때부터 7학년까지 3년간의 교수 실험

2) 출처 : English, L. D. (2006). Mathematical modeling in the primary school : Children's construction of a consumer guide. *Educational Studies in Mathematics*, **63**(3), 303-323.

• 연구절차

단계	특징
1	아동들이 공동으로 수학적 모델을 구성하기, 다듬기, 적용하기 등의 활동을 함.
2	학급의 교사들은 학생들의 활동을 계획하고, 설계하고, 수정하고 실행함.
3	연구자들은 모든 참여자들의 지식 발달을 관찰하고, 해석하고, 기록함.

(1) 현실 문제로 제시된 소비자 가이드에 대한 간단한 기사와 관련하여, 교사의 진행으로 학급 전체가 소비자에 대한 개념, 다양한 소비자, 소비자가 물건을 구매할 때 고려해야 하는 기준들, 소비자 가이드의 특성에 대한 토의를 한 후, 그룹으로 나누어져서 소비자 가이드를 직접 만들어 봄으로써 모델을 개발하게 된다.

(2) 학생들은 그룹별 보고를 통해 자신들이 개발한 모델에 대한 설명과 정당화를 하게 되고, 동료들로부터 질문과 구성적 피드백을 받은 후 여러 모델들 사이의 유사점과 차이점에 대해 토의함으로써 수학적 결론에 이르게 된다.

(3) 아동들은 자신들의 모델링 활동 과정을 되돌아보고 자신들의 모델을 통해 얻어진 수학적 결론을 관련된 또 다른 문제 상황에 적용한다.

문제 활동 및 절차

연구 시기	특징
1년	• 학교의 안과 밖에서 일어나는 수학과 수학적 문제 해결 및 문제 만들기에 관한 학급 토의를 포함한 예비 모델링 경험을 많이 수행함. • 아동들은 문제 속에 포함된 구조에 중점을 두면서 일상적이지 않은 범위의 문제들을 탐구하고, 자료의 표와 수학적 데이터를 포함하는 해석적인 설명 모델링과 같은 예비의 모델링 경험을 그룹을 지어 다루게 됨. • 다음으로 모델을 이끌어내는 활동을 소개하고, 다른 맥락에서 유사한 구조를 가지는 그들의 모델을 적용하도록 하는 모델-탐구 활동을 제시함.
2년과 3년	• 처음에 모델을 유도하는 문제를 제시하고, 모델-탐구 문제를 수행한 다음, 아동들이 새로운 문제를 해결하기 위하여 몇몇 방식으로 그들의 모델을 적용할 필요가 있는 두 가지 모델-적용 문제를 제시함.

연구결과

• 본 연구에서는 우선 group 3의 아동들이 세 개의 session 동안 모델링 문제를 다루면서 발달한 것을 분석하는 것을 고려하였으며 아동들은 자신의 생각을 자유롭게 말하고, 문제 해결

과제에 대한 접근법이 묘사적으로 나타나 있기 때문에 이 그룹의 문제 활동을 가까이에서 철저하게 관찰하였다.

(2) Doerr와 English(2003)의 모델링 사례[3)]

사례명 자료에 대한 학생들의 수학적 추론에서의 모델링 관점

연구개요

- 수학 교수와 학습에 대한 모델링 접근은 학습활동에 대한 초점을 특별한 문제에 대한 해결책을 찾는 것으로부터 일반화할 수 있고 재사용할 수 있는 관계의 체계를 창조하는 것으로 전환시킴.

연구방법

- 연구대상
  (1) 미국 : 12~13세 중학교 학생들
  (2) 호주 : 10~11세 6학년 학생들
- 중학생들에 의해 그런 체계의 개발이 유도되도록 하는데 사용될 수 있는 과업의 연속(혹은 인과적 관련)에 관한 특징에 대해 논의하고 있으며, 저자는 이러한 과업들에 대한 결과를 두 가지 수준으로 보고함.
  - 첫째, 저자는 과업들의 연속물들을 가로질러 하나의 소집단 학생들의 수학적 추론형성을 상세히 분석하여 제시함.
  - 두 번째, 저자는 다수 집단의 학생들로부터 나온 자료들을 구체화 시키면서(혼합하면서) 두 가지 문제과업에서 확인된 사고 패턴의 다양성을 거시적 수준으로 분석함. 양(수량)들 사이의 관계와 관련된 상황에의 적용에 관한 학생 추론이 논의됨.

3) 출처 : Doerr, H. M., & English, L. D. (2003). A modeling perspective on students' mathematical reasoning about data. *Journal for Research in Mathematics Education*, **34**(2), 110-136.

문제 활동

(1) the Sneakers problem – 스니커즈 구매를 위한 요소들의 순서 결정

① Cycle 1 : Nonmathematical rankings

② Cycle 2 : Frequency rankings

③ Cycle 3 : Pairwise comparisons

(2) the Restaurant problem – 레스토랑 선택을 위해 고려해야 할 중요한 요소 선정

① Cycle 1 : From ranks as labels to ranks as operable quantities

② Cycle 2 : The invariance of ranking

(3) the Weather problem(the Summer Camp problem) – 여행사에서 고객들을 위해 제공하는 기후 요소선정

① Cycle 1 : Matching and eliminating

② Cycle 2 : Searching for a generalized system

③ Cycle 3 : Developing the mean-split system

④ Cycle 4 : Implementing elimination strategies

⑤ Cycle 5 : Refining the mean-split rating system

(4) the Crime problem – 여러 도시의 범죄 관련 정보들을 활용한 도시의 안전성 결정

① Cycle 1 : Applying the mean-split system

② Cycle 2 : Further refining the mean-split system

연구결과

학생들이 자료를 선택하고, 우선순위를 매기고 조작하기위해 일반화 가능하고 재사용 가능한 시스템 혹은 모델을 창조하는 것이 가능했음을 제안함. 나아가, 학생들이 취했던 접근에서 변화(차이, 편차)의 확대는 의사결정을 위해 자료를 우선순위매기는 것에 관한 아이디어를 개발하는 것에는 많은 방법이 있음을 제안함.

(3) English와 Watters(2005b)의 사례[4)]

사례명 9세 아동의 수학적 모델링

연구개요

- 이 논문은 2004 올림픽의 오스트레일리아 수영팀 선발을 포함하는 수학적 모델링 과제를 해결하는 4학년(9세) 4개 학급의 수학적 모델링에 대해 보고함.
- 학생들은 올림픽 과제를 해결하고 구조를 모델링하기 위해 다른 접근들을 채택함으로써 여러 모델을 나타냄.
  - 학생들의 모델은 순열, 집합, 점수의 등급 매기기, 반비례 및 변수의 가중치에 대한 비공식적 이해를 드러내고 있음.
- 제시된 모델링 문제들은 광범위하고 문제 맥락, 정보에 대한 '예비 질문들', 세부적 몬제 목표, 자료 표, 그림에 대한 배경정보 등을 포함하며, 이들 문제들은 광범위한 산출물들(모델들)을 요구함.
  - 산출물의 특성은 아동의 사고방식을 가능한 많이 드러나도록 하는 것이며, 아이들이 만들어내는 모델들은 다른 관련 문제 상황에 응용되어야 하므로, 저자들은 학생들에게 모델 응용을 촉진하는 문제들을 제공함.
  - 제시된 문제들은 아이들로 하여금 자신의 모델을 설명하고 정당화하도록 요구하며, 그룹 보고서를 학급구성원들과 공유함.

연구대상

9세 4학년 학생 4개 학급

연구절차 및 활동

(1) 프로젝트 개요 및 교사 워크샵

(2) 4명의 교사들이 학생들에게 수학적 모델링 활동(예비 활동 & 세 개의 모델링 문제)을 투입

① 첫 번째 모델링 문제 : 겨울 4주 이상 안내됨, "스키타기"에 초점을 둠.

4) English, L. D., & Watters, J. J. (2005b). Mathematical modelling with 9-year-olds. *Proceedings of the 29th Conference of the International Group for the Psychology of Mathematics Education*, **2**, 297-304.

② 두 번째 모델링 문제 : 40분씩의 수업으로 2주간 이루어졌으며, 3~4 그룹으로 수행됨. "올림픽-수영 선수 선발"에 초점을 둠.

③ 세 번째 모델링 문제 : "사이클론(온대성 저기압) 지역에서 휴양지로 적절한 위치 결정하기"

연구결과

- 학생들은 문제의 정보를 해석하고, 자신들의 아이디어들이 어떻게 문제의 목표를 충족시킬 수 있는지를 표현함. 또 주어진 기준에 비추어 자신들의 접근을 검토하고 다시 문제 정보로 되돌아가 자신들의 접근을 수정하고, 새로운 버전으로 실행하고 검증하는 활동을 수행함.
- 본 연구는 어린 초등학생에게 의미있는 수학적 아이디어를 개발할 수 있는 기회와 수학적 모델링 과정을 제공함.
- 모델링 문제는 전통적 학교 문제를 넘어서서 학생들이 수학적 사고에 착수하고 어떤 목적을 위해 필요한 개념적 도구를 유도하는 현실적으로 복잡한 상황으로, 아이들의 수학적 사고를 촉진함.
- 본 연구에 제시된 모델링 문제들은 아이들이 문제 상황을 다루기 위해 구조화된 수학적 아이디어들과 절차들을 통합함으로써 산출물을 얻도록 고안되었으며, 올림픽 문제의 경우, 학생들의 산출물들은 순열, 집합, 점수의 등급, 반비례 및 변수들의 가중치 등의 개념을 드러내었음.

(4) English와 Watters(2005a)의 사례[5)]

사례명 Mathematical Modelling in the Early School Years

연구개요

- 두 개의 모델링 문제가 포함된 6개월 프로그램에서 나타난 아이들의 수학적 지식과 추론 과정의 진보를 조사함.

5) English, L. D. & Watters, J. (2005a). Mathematical modelling in the early school years. *Mathematics Education Research Journal*, **16**(3), 58-79.

연구방법

• 연구대상 : 3학년(8세) 학생, 4개 학급

• 연구기간 : 6개월

• 제시된 모델링 문제 : 실제적 상황을 담은 2개의 모델링 문제

– Butter Beans 문제 : 두 조건(양지, 음지) 하에 6, 8, 10주 동안 성장한 후의 Butter Beans의 무게를 나타낸 자료를 활용하여 문제를 해결하기

– Airplane 문제 : 종이비행기의 비행 상연이 포함된 해마다의 비행대회 관련 신문기사 및, 비행기 만드는 법, 비행대회 규칙 등에 대한 정보를 활용하여 문제를 해결하기

• 연구절차

교사 워크샵 ▶ 예비활동 ▶ Butter Beans 문제 ▶ Airplane 문제

– 각 모델링 활동은 각각 40분씩 4, 5 세션 이상 이루어짐.

– 모델링 활동에 대한 초기 안내 후, 학생들은 3~4명의 그룹으로 독립적으로 활동함.

– 교사들은 각 그룹을 주시하고 필요할 때 비계(설명 및 정당화를 위한 질문하기, 학생으로 하여금 도전하게 하기, 부적당한 행동에 관해 질문하기, 총체적 격려와 동기 부여하기 등)를 제공

– 마지막 세션에서 학생들은 그룹보고서를 발표·공유하고, 학생들의 결론에 대해 토론함.

• 분석 내용

(1) 아이들이 비형식적이고 개인적인 지식을 문제해결에 적용하는 방식 분석

(2) 학생들이 어려워했었던 데이터의 표를 해석하는 방식 분석

(3) 자료를 수집·비교하고, 자료에서 경향과 패턴을 찾는 것을 포함하여, 학생들이 자료를 처리하는 방식 분석

(4) 학생들이 중요한 수학적 아이디어들을 전개시켜나가는 방식 분석

(5) 아이들이 수학적 이해를 표현하는 방식 분석

연구결과 및 결론

• 본 연구에서는 어린 학생들이 초등교육과정 속에서 충족하지 못하는 중요한 수학적 아이디어와 절차를 개발하도록 격려하기 위하여 모델링 문제를 사용하였음.

– 수학적 아이디어들은 의미 있는 실세계 맥락 내에 존재하며, 그 문제를 처리하는 학생들에 의해 명확해지며, 더욱이 아이들은 이러한 수학적 아이디어들을 다양한 수준에서 접근할 수 있음.

- 본 연구의 모델링 문제들을 통하여 학생들은 교실 수업에서 경험하지 못했던 중요한 수학적 아이디어의 출현을 보게 되었음.
  - Butter Beans 문제에서 총합과 평균의 개념이 보여지는 동안 변화에 대한 기초적 이해와 변화율에 대한 아이디어를 이끌어내게 되었으며, 특히 Airplane 문제에서는 학생들이 속도에 대한 비형식적인 이해를 도출한 것이 관찰되었음.
- 본 연구는 모델링 활동이 어린 학생들의 수학적 묘사, 설명, 정당화, 논쟁에 대한 발전에 공헌하였다고 강조함.
  - 모델링 문제들이 본질적으로 사회적 활동이기 때문에 학생들은 최종 산출물을 향해 작업하면서 수많은 질문, 추측, 논쟁, 갈등, 및 문제해결에 참여함.
  - 학생들이 학급 보고서를 제출할 때, 동료들로부터 질문과 비평적 피드백을 받게 됨.

(5) Verschaffel, De Corte와 Vierstraete(1999)의 사례[6)]

사례명 서수와 관련된 비표준적인 덧셈 문장제 문제를 모델링하고 해결하는 것에 대한 초등학교 고학년 학생들의 어려움

연구개요

- 대수적 문장제 문제는 초등학교 수학 프로그램의 중요한 부분으로 구성되어 있음.
  - 이런 유형이 학교에서 사용되는 가장 중요한 학생들이 학교에서 배운 형식적인 수학적 지식과 기능을 실세계 상황에 적용하도록 가르치기 위해서임.
  - 그러나 학생들은 문장제 문제와 관련된 맥락과의 관련성에 대하여 가능한 문제상황적 모델링을 포함한 해결책을 비평적으로 고려하지 않음.

연구방법

- 연구대상 : 벨기에 Flanders에 있는 5개 초등학교의 5학년 99명과 6학년 100명
- 연구처치 : 주어진 두 가지 유사한 문장제 문제 세트를 제시
- 연구도구
  - 총 17문항의 필기시험 : 9개의 실험문항과 8개의 비교문항으로 이루어짐.

6) Verschaffel, L., De Corte, E., & Vierstraete, H. (1999). Upper elementary school pupils' difficulties in modeling and solving nonstandard additive word problems involving ordinal numbers. *Journal for Research in Mathematics Education*, 30(3), 265-285.

- 9개의 실험문항 : 기수와 관련된 덧셈문항 하나와 서수와 관련된 문항 두 개를 포함하고 있음.
- 기초가 되는 수학적 구조의 본질과 문제에서 알려지지 않은 요소의 본질의 두 차원에 대한 관점으로 구분되는 9개의 독특한 문제 유형을 나타냄.

• 수학적 구조의 관점에서 본 문제 유형 : 유형 I, II, III으로 구분됨.
 ① 유형 I : 문제 진술에 제시된 두 수를 더하거나 뺌으로써 정확하게 설계되고 해결될 수 있는 덧셈과 뺄셈 문제들.
 ② 유형 II : 주어진 두 서수의 덧셈이나 뺄셈으로 정답의 ±1의 결과를 얻게 되는 동시에, 더 작거나 더 큰 서수 그 자체에서부터 차례로 세어야 하는 문제들(두 수중 하나는 포함하지 않음).
 ③ 유형 III : 주어진 두 서수의 덧셈이나 뺄셈으로 정답의 ±1의 결과를 얻게 되는 동시에, 두 서수와 기수가 주어질 때, 기수가 두 서수 사이의 수를 언급함으로써 두 서수 모두를 세어야 하는 문제들.

• 알려지지 않은 수량의 본질에 대한 측면에서의 문제 유형 : L, D, S 유형으로 구분됨.
 ① L 유형 : 큰 서수가 주어지지 않은 경우.
 ② D 유형 : 두 서수의 차이가 주어지지 않은 경우.
 ③ S 유형 : 작은 서수가 주어지지 않은 경우.

• 문제 활동
- 제시문제 : 표준적 아이템과 기계적이지 않은 아이템을 반반씩 제시
 ① 표준적 아이템 : 명백한 대수적 연산으로 풀 수 있는 문제
 ② 기계적이지 않은 아이템 : 적절한 수학적 모델이 덜 명확한 문제
- 제시된 기계적이지 않은 문제들의 예시
 ① Steve는 2.5m 길이의 널빤지를 4개 가지고 있습니다. 이것으로 1m 길이의 널빤지를 몇 개 만들 수 있겠습니까?
 ② John의 100m 최고기록은 17초입니다. John이 1km 달리는 데는 시간이 얼마나 걸리겠습니까?
 ③ 450명의 군인이 훈련을 가기 위해 버스를 타려고 합니다. 각각의 버스에는 36명이 탈 수 있다고 합니다. 몇 대의 버스가 필요하겠습니까?
 ④ Rob은 1978년에 태어났습니다. 지금이 1993년이라면, 그의 나이는 몇 살이겠습니까?

연구절차

- 각 학생들은 오직 한 가지 형태의 검사만 받음.
- 서수 차이의 규모에 대한 효과를 엄밀히 평가하기 위해 99명의 5학년 클래스와 100명의 6학년 클래스는 두 개의 짝그룹으로 분리됨.
- 수학적 능력으로 짝지어진 그룹으로 운영되도록 하기 위하여 각 클래스는 작은 차이와 큰 차이 형태로 구분됨.
- 검사는 연구원들 중 한 명에 의해 운영되고, 설명은 최소로 함.
- 자료 처리
  - 자료 : 모든 학생들과 모든 실험 문제에 대하여 두 종류의 자료(학생의 답 및 현실적 고려)
  - 분석
    (1) 학생들 답의 정확성에 포함된 과제 및 주제 변수의 효과에 대한 양적 분석.
    (2) 학생들 답안의 오류를 질적으로 분석함.
    (3) 실험 검사에서 나타난 (정답에 이르는) 기초 해결전략을 질적으로 분석하여 형식적 전략과 비형식적 전략, 불분명한 전략으로 구분함.

연구결과

- 초등학교 고학년 아이들은 주어진 두 수를 기계적으로 계산하면 정답 ±1이 나오도록 하는 덧셈의 문장제 문제를 모델링하고 해결하는데 큰 어려움을 보였음.
- 후속 연구 질문에 대한 제안
  (1) 참여자와 문제 유형 두 가지 모두의 관점에 대한 결과의 일반화
  (2) 후속 연구는 선택된 아동 그룹의 인터뷰를 포함해야 하고, 학생들이 ±1의 오류를 극복함에 있어서 진정한 수학적 전략의 모든 측면의 역할과 상호작용을 더 깊이 통찰하도록 해야 함.
  (3) 검사에서의 기계적이지 않은 II, III 유형 아이템에 대하여, 기계적인 해결을 제공하고 기계적인 모델을 적용하도록 하는 학생들의 경향에 대하여 맥락의 효과를 설명하는 후속 심화연구가 이루어져야 함.

(6) 기타 문헌 분석 요약

Carrejo, D. J., & Marshall, J. (2007). What is mathematical modeling? Exploring prospective teacher's use experments to connect mathematics to the study of motion. *Mathematics Education Research Journal*, **19**(1), 45-76.

본 연구는 대학교 물리학과정에서 공부하는 수학 및 과학 예비교사들에 의한 수학적 모델의 구성, 발달, 사용에 초점을 두고 있다. 운동학을 학습하는 과정에서 탐구기반, 실험식 접근을 통해 연구함으로써 모델링에서의 추상화의 역할과 의미에 대한 기초적인 질문을 제시하고, 이러한 접근을 통해 학생들의 참여와 실험과정에서 나타나는 오류를 해결하도록 지원한다. 본 연구에서는 "장력 tension" 구조를 사용하여 학습자들로 하여금 추상적인 수학적 모델과 물리학적 현상사이의 필요한 연관성을 만들어내도록 탐구할 기회를 제공한다. 또한 수학적 개념과 도구들을 포함하는 수학적 구성을 가지고 실세계 상황을 표현하거나 묘사할 수 있는 수학적 모델에 기반한 과학적 모델의 관점에서 접근하고 있다.

연구기간은 예비교사를 위한 물리학과정(14주) 중 후반부 5주간 진행되었으며, 주 2회로 최소 3시간이상 실시되었다. 연구대상은 15명의 예비교사들로 5명은 석사학위중이며, 10명은 학사학위과정에 재학중으로 전공은 초등교육(5명), 과학교육(4명), 수학, 생물, 생물교육, 화학교육, 행정학, 수학교육이 각 1명으로 구성되었다. 탐구기반 물리(Physics by Inquiry)에서 제시된 5개의 활동을 이용하여 예비교사들의 수학적 개념 뿐민 아니라 모델링과정에 대한 인식에 대해 연구하기 위해 학생들의 대화 및 기록 등이 수집되었고 근거이론에 기반하여 자료가 분석되었다.

본 연구에서 진행된 중심활동

- 움직임 묘사하기
- 등속 측정하기
- 등속을 위한 수학적 모델을 개발하기
- 스파크 타이머를 가지고 가속하기
- 가속운동을 위한 수학적 모델을 개발하기

연구결과 사물의 움직임을 묘사하고 측정하기 위한 수학적 모델을 구성할 때 연관되는 요소들을 밝혀내었다. 수학적 모델링은 수학에 대한 표준 개념과 물리학에 대한 표준 개념, 학습자의 경험에 의해 진행되며, 수학적 모델을 구성하는 과정을 통해 학습자는 현상에 대한 개인적 경험과 수학 및 과학적 개념을 조화시키는 시도를 하게 된다.

Lesh, R., & Cayior, B. (2007). Introduction to the special issue : Modeling as application versus modeling as a way to create mathematics. *International Journal of Computers for Mathematics Learning*, **12**, 173-194.

본 연구에서는 학생들의 모델과 수학자 및 과학자들의 모델과 비교하면서 유사성을 제시하고 있다. 특히 데이터 모델링에 초점을 맞추면서 이러한 데이터 모델링에 대한 개념이 초등수학에서의 기초적인 아이디어들을 확장시키고 새로운 테크놀로지와 접목할 수 있다고 제언하였다. 이러한 새로운 테크놀로지는 문제해결 뿐만 아니라 수학적으로 생각할 수 있는 새로운 단계와 유형을 제시한다고 주장하였다.

MEAs(Model-eliciting activities)를 활용하여 학생들에게 실생활에 기반한 문제상황을 제시할 것을 언급하면서 MEAs의 4가지 요소로 적용(application), 난이도(difficult), 열린 결말(open- ended), 비구조화(ill-structured)를 포함시켰다.

본 연구는 중학교 학생들을 대상으로 실험집단과 통제집단을 구성하여 60-90분간의 사례연구로 진행되었다. 활동예제로 '종이비행기 문제'를 제시하여 총 5회 동안 종이비행기의 착륙지점을 표시하는 다양한 방법을 그래프와 표 등을 활용하여 표현하도록 하였다. 또한 추가활동을 위해서 Geometers Sketchpad 소프트웨어를 활용하는 기회를 제공하였다.

본 연구에서는 적용을 위한 모델링과 수학을 창조하기 위한 모델링을 비교하면서 학생들이 그들의 이해를 증진시키기 위해 자신의 생각을 표현하고 테스트하고 수정하는 기회를 주어야 한다고 결론짓고 있다.

Lesh, R., Middleton, J. A., & Caylor, E. (2008). A science need : Designing tasks to engage students in modeling complex data. *Educational Study Math*, **68**, 113-130.

본 연구에서는 MEAs(Model-eliciting activities)에 대해 설명하면서 참여자(학생, 교사, 연구자 등)과 디자인 사양(design spec), 대안적인 도구를 개발하고 테스트하는 것이라 제시하고 있다. 여기서 디자인 사양은 개념들 또는 개념적인 시스템의 지식구조(schemata)를 뜻하는 것이다. MEAs에서는 표현-실험-개정의 과정이 순환적으로 진행되며, 이 과정은 학생들이 개념을 이해하고 수학적 사고를 하는 과정과 함께 이루어졌다.

본 연구에는 데이터 모델링 개념을 이해하기 위해 다음과 같은 3단계의 학생들이 참가하였는데, 양석 연구방법을 수강한 대학원생과 초등교육을 위한 수학을 전공하는 학부생들, 중학교 학생들과 교사들이 포함되었다. 학생들에게는 'drills and skills' 문제가 제시되었는데, 학생들의 성적이 제시된 그래프를 가지고 조건을 변경할 때 데이터의 변화를 예측하고 해석할 수 있도록 하였다. 또한 수집된 데이터를 곡선으로 어떻게 적절하게 표현할 수 있는지 알아보고 Fathom 소프트웨어를 이용하여 그래프로 표현하도록 하였다.

연구결과 MEAs는 학생들이 유용하고 중요한 수학적 모델을 형성하는데 조작적 정의를 제공하게 된다고 보고하였고 수학적 컨텐츠, 학습에 대한 이론, 예상된 결과, 아이디어의 발달적 구조와 학생들이 어떻게 교실상황을 넘어서 활동하기를 기대하는지를 포함한다고 제시하였다.

Doorman, L. M., & Gravenmeijer, K. P. E. (2009). Emergent modeling : Discrete graphs to support the understanding of change and velocity. *ZDM Mathematics Education*, **41**, 199-211.

본 연구는 학생들의 일상생활에 대한 이해를 위한 수학적 물리적 개념을 지원하기 위해 실시되었다. 연구를 위해 학생들의 추론을 맞춰보기 위한 활동들과 도구들이 준비되었고 연구대상은 10학년 학생들로 학급활동과 컴퓨터 활동 등은 녹음되고 학생들의 결과물들이 모두 수집되었다.

연구에서 다루어진 내용은 미적분이었으며, 통합교과적으로 설계되고 발현적 모델링(emergent modeling)에 기초하여 진행되었다. 연구문제는 허리케인의 이동경로에 대한 것으로 바다에서 발생된 허리케인이 언제 육지에 도달할 것인가에 대한 것이었다. 문제 유형은 실생활 문제로 사진 등을 이용한 자료를 제시하여 허리케인의 이동경로를 학생들의 추론을 거쳐 이산 그래프로 표현하는 것과 허리케인의 시간별 이동거리를 그래프로 나타내는 것이었다. 또한 완성된 2개의 그래프를 비교하는 활동을 통해 움직임의 패턴을 찾아내도록 하였다.

1차 연구는 중학교 10학년 2개반을 대상으로 하여 진행되었으며, 학생들이 작업한 그래프 등과 대화 등이 수집되었다. 2차 연구는 10학년 학생들을 대상으로 8주간 진행되었다. 학생들은 Flash 소프트웨어를 이용하여 허리케인 문제를 해결하기 위한 수학적 모델을 개발하고 다양한 그래프로 표현하였다. 오디오 및 비디오기기를 통해 수집된 데이터들은 사회구성주의와 RME 이론에 근거하여 분석되었다.

발현적 모델링(emergent modeling) 접근법에 대한 질적 분석을 통한 연구결과 학생들의 미적분에 대한 기본 개념이 이산 그래프를 사용함으로써 운동에 대한 추론으로부터 발달된다는 것을 보고하였다.

Villarreal, M. E., Esteley, C. B., & Mina, M. (2010). Modeling empowered by information and communication technologies. *ZDM Mathematics Education*, **42**, 405-419.

본 연구에서는 수학적 모델링에 대해 소개하면서 어떻게 수학적 모델링이 ICTs(information & communication technologies)와 함께 사용될 수 있는지를 보고하고 있다. 본 연구는 수학적 모델링에 대한 관점과 "humans-with-medai"라는 교실 수학에서의 ICT 관점에 기반하고 있다. ICT를 활용한 수학적 모델링은 스프레드쉬트, 그래픽 툴, 역동적 기하(dynamic geometry), 애플릿, 프로그래밍과 같이 모델링을 통해 수학을 학습하는 것을 뜻한다.

본 연구는 다음과 같은 선행연구를 기반으로 진행되었는데, Experience 2004라는 프로젝트에 참여한 3명의 교사는 15-16세의 학생 72명과 11-12세의 학생 120명을 대상으로 수학적 모델링을 적용하였다. 이 연구에 참여한 학생들은 동료들과 협력하고 Graphmatica와 같은 소프트웨어를 활용하는 방법을 경험하면서 모델링과 ICTs 사이의 특별한 관계를 알게 되었다. 또한 교사들로 하여금 모델링과 ICT간의 새로운 의미를 형성하도록 하는 모델링 시나리오를 사용하게 하였다.

문제활동 1 : 화물운반을 하기 위한 경비 추론

화물 무게에 따라 운반비용이 다르게 제시되었고 학생들은 이 문제를 해결하기 위하여 표, 그래프, 분석적 표현을 지원할 수 있는 테크놀로지를 활용하여 수학적 모델을 개발하였다. 연구결과 이러한 미디어는 학생들의 모델링과정과 학습과정을 지원하고 학생, 교사, ICTs로 하여금 'human-with-media'에 대한 생각을 할 수 있게 하였다.

문제활동 2 : (농경학을 전공하는 3명의 대학생들 대상) 농작물의 성장을 추론하기

농업과 관련된 문제를 해결하기 위한 수학적 모델링 과정의 수강생들로 이 과정은 다른 과학과 수학을 연결시키고 학생들의 수학적이고 농경학적인 지식을 현상에 대한 모델을 구성하는 과징에서 구축하도록 하고 문제설정, 데이터 수집과 분석, 해석 등과 같은 연구능력을 개발하고 수학적 모델링과 관련된 소프트웨어를 사용하는 데 초점을 두고 있다. 학생들에게 제시된 문제들은 '농작물의 성장을 추론하기'와 같은 유형으로 이를 해결하기 위해 Graphmatica와 같은 소프트웨어를 활용하여 수학적 모델을 만들어 문제를 해결한 후 제시된 문제의 적절성을 논의하도록 하였다. 연구결과 이러한 ICTs의 활용은 학생들의 수학적 모델링과정 동안 교사와 학생을 미디어와 연결시키는데 도움을 준다고 보고하였다.

Turker, B., Saglam, Y., & Umay, A. (2010). Preservice teachers' performances at mathematical modeling and views on mathematical modeling. *Procedia Social and Behavioral Science*, **2**, 4622-4628.

본 연구는 교사교육과정에서 초등예비교사들의 모델링 수행활동을 측정하고 수학적 모델링에 대한 초등예비교사들의 관점을 알아보기 위한 것이다. 연구대상은 2009-2010 가을학기에 개설된 교사교육과정에 참여한 60명의 초등예비교사(20-23세)들이었다. 30명은 초등 수학교육 프로그램에서 왔으며, 30명은 중등 수학교육 프로그램에서 왔고 이번 과정이 교사교육과정의 마지막 학기였다.

본 연구를 위해 4개의 모델링 활동이 제시되고 반구조화된 인터뷰들이 진행되었고 60명의 예비교사들은 1시간동안 4개의 모델링활동에 대해 반응하였다. 이 활동과정에서 예비교사들의 기록들과 인터뷰들이 녹화되고 수집되어 모델링과정에 따라 분석되었다.

모델링 활동

- Pack It Them
- Delivering the Mail
- The Greeting of Forest Acres
- Getting the Word Out Were Used

연구결과 이러한 모델링 과제가 예비교사로 하여금 실생활 문제를 교육과정 안에서 수학과 연관짓도록 하는 기회를 제공하고 있다고 보고하였다. 또한 수학적 모델링을 위한 실생활 문제는 다양하고 비구조화된 구조를 가지고 있어야 한다고 제언하고 있다.

Erdogan, A. (2010). Primary teacher education students' ablility to use functions as modeling tools. *Procedia Social and Behavioral Science*, **2**, 4518-4522.

본 연구는 모델링 관점에서 문제를 해결하기 위한 함수를 활용하는 초등예비교사들의 능력을 연구하는데 목적이 있다. 연구를 위해 2008-2009에 Anadolu 대학에 재학중이었던 51명의 초등교육을 전공하는 1학년 학생들이 참여하였고 설문조사를 통해 데이터가 수집되고 분석되었다.

설문지 4개 문항

- 문제 1 : 서로 다른 2개의 통신회사가 각각 다른 체계의 통신요금 서비스를 제공하고 있다. 한 회사는 1분에 0.25유로이고 다른 회사는 한 달 요금으로 8유로를 지불하면 1분에 0.17요금으로 서비스를 제공한다. 한 달간 얼마나 많은 시간 통화해야 두 번째 통신회사를 선택하는 이점이 있을까?
- 문제 2 : 공장에서 최소한의 금속을 가지고 1리터의 주석을 생산하길 원한다. 어떻게 할 수 있을까?
- 문제 3 : 아멧의 집은 학교에서 8km 떨어져있다. 오늘 아침 아멧은 걸어서 학교로 가려고 하는데, 아멧은 30분에 4km를 갈 수 있다. 하지만 걸어가면서 아멧이 지치기 때문에 이동속도는 각 이동시간의 반의 반 만큼 감소하게 된다. 아멧이 학교까지 도착하는데 얼마의 시간이 걸릴까?
- 문제 4 : 반지름이 1cm이고 높이가 5cm인 컵으로 반지름이 2cm이고 높이가 10cm인 피처에 물을 채울 수 있다. 얼마나 많은 컵의 물이 필요할까?

제시된 설문지의 문항들에 대해 학생들은 다양한 방법으로 문제를 풀었고 그 결과를 다음과 같은 6개의 범주-algebraic, functional, algebraic-functional, numerical, arithmetic-numerical, analytical-로 분류하였다. 응답한 내용은 무응답의 경우 해결과정을 정확한 해결과 잘못된 해결, 불완전한 해결로 분류하고, 응답한 경우는 정확한 설명, 불완전한 설명, 잘못된 설명으로 분류하였다.

연구결과 초등예비교사인 학생들은 모델링 도구로서 함수를 사용하는데 많은 어려움을 겪는 것으로 나타났다. 이러한 어려움들의 일부는 고등학교에서 함수에 대한 개념을 배우는 방식과 연관되는 것으로 보고되었다.

03 NCTM에서 제안한 수학적 모델링 아이디어 모음[7)]

중고등학생의 경우에는 학회지 사례 외에도 교육과정에 수학적 모델링이 반영된 NCTM이 제안하는 『Mathematical Modeling in the Secondary School Curriculum』이 있다.

(1) 야생동물수 조사

〈Problem/Model〉

- 목적 : 연못 속에 있는 물고기의 수를 알아내는 것(이 정보는 연못에 물고기를 풀어놓을 때나, 연못에 얼마나 많은 물고기가 살 수 있는지 알아보는데 유용할 것이다.)

연못의 물고기수를 어떻게 어림잡아 볼 수 있을까?

우리는 연못에 있는 물고기의 수를 모른다. 우리가 모르는 상태인, 전체 물고기의 수를 n이라고 하자. 우리가 물고기 몇 마리를 잡고 그것들을 해치지 않고 연못에 다시 풀어주기 위해 그것들의 꼬리에 플라스틱 꼬리표를 단다고 가정해보아라. 우리는 물고기 p마리를 잡아서 꼬리표를 붙인 후 연못에 놓아주었다. 우리는 이 물고기들을 연못안의 삶으로 돌아가게 한 것이다. 그리고 우리는 며칠 뒤에 또 다른 물고기 q마리를 잡으러 연못에 간다. 이 물고기들 중 일부는 우리가 며칠 전에 달아주었던 꼬리표가 붙어있다. 이때 꼬리표가 붙어있던 물고기의 수를 따로 x라고 하자. 그다음 간단한 비례식을 사용하면, $\frac{p}{n}=\frac{x}{q}$라고 할 수 있을 것이다. 우리는 n의 수를 구하기를 원하는 것이기 때문에, n을 위한 방정식을 만들면 $n=\frac{pq}{x}$이 된다.

요구되는 수학적 개념	산수(비율과 비례)
배우기에 적당한 학생 단계	일반 수학

7) National Council of Teachers of Mathematics[NCTM](1991). Mathematical Modeling in the Secondary School Curriculum의 내용 일부 요약

(2) 포장하기

Problem/Model

한 제조회사는 원통모양 용기를 단기간 저장할 방법을 찾고 있다. 그 회사는 최소한의 비용이 들기를 원한다. 그러므로 가능한 최소한의 공간을 사용하면서 용기들을 포장해야한다. 그 용기들은 반지름이 1피트이고, 높이가 3피트인 직원기둥이다. 총175개의 용기는 꼭 똑바로 선 상태로 포장되어야 한다. 또한 포장기간은 2달이다.

포장 단위는 3종류의 크기로, 각각 빌리는 것이 가능하다. 한 달에 67달러로 11×11피트, 105달러로 11×22피트, 130달러로 11×33피트를 각각 빌릴 수 있다. 모든 단위는 높이가 10피트이다. 이제 포장해보자! 용기들을 어떻게 포장해야 할지에 대한 결정은 각각의 포장공간에 용기가 몇 개 들어가는지를 알아야 할 수 있다. 몇 줄이 나오며, 몇 층이 나오는가? 그리고 한 줄에는 몇 개가 들어가는가?

요구되는 수학적 개념	피타고라스의 정리
배우기에 적당한 학생 단계	일반 수학

(3) 식료품점 문제

Problem/Model

어느 작은 식료품점은 계산대 두 줄에 각각 출납원 한 명씩을 두고 운영할 것인지, 아니면 계산대 한 줄에 손님 한 명당 출납원 한 명을 두고 운영할 것인지 결정해야한다. 두 계산대의 각 줄에 출납원을 한 명씩 두면, 평균 서비스 시간이 손님 당 2분이 걸린다. 계산대 하나에서 손님 한 명당 출납원 한 명을 두면, 평균 서비스 시간이 손님 당 1분이 걸린다.

요구되는 수학적 개념	초등수준의 확률, 난수(random number) 개념
배우기에 적당한 학생 단계	일반 수학

(4) 시설의 위치

Problem/Model

펜실베니아 Carlisle에서는 ABF 트럭수송 회사가 국가에서 가장 큰 새 터미널을 만들기를 원하면서, 큰 논쟁이 일어났다. 그 지역의 거주자들은 새 터미널이 많은 대기오염과 소음공해를 만들 것이라고 생각했기 때문에 터미널 건설에 반대하였다.

회사가 새로운 지점이나 공장을 열 때, 많은 요인들이 고려되어야 한다. 가장 중요한 고려사항 중 하나는 원료공급자와 소비자가 이동거리, 혹은 원료의 운반거리를 최소화하기 위한 장소가 어디인가이다. 오늘날에는 해운 수송비용이 매우 비싸므로 시설의 위치를 적절하게 잡으면 회사는 매년 수천달러를 절약할 수 있다

요구되는 수학적 개념	간단한 기하학과 그래프
배우기에 적당한 학생 단계	대수 1

(5) 그래프와 여행하기

Problem/Model

Carl은 그의 대수1 수업에서 그래프를 사용하는 법을 배워오고 있다. 선생님은 속도/시간 그래프는 여행 동안 지나야할 거리를 알아내기 위한 모델로서 사용될 수 있다고 말씀하셨다. 그러나 어떻게 사용하는지는 설명해주시지 않았다. Carl은 자전거 타는 것을 좋아한다. 그는 자주 긴 주행을 하며, 그의 자전거에는 속력계가 붙어있다. 그는 실험을 하기로 결정하고, 다음에 여행하는 동안의 속력/시간 기록을 수집하여 속도/시간 그래프로 여행 동안 지나야할 거리를 알아보고자 한다.

요구되는 수학적 개념	간단한 선형 그래프그리기, 거리와 시간 그리고 비례식에 대한 지식
배우기에 적당한 학생 단계	대수 1

(6) 편지 배달하기

Problem/Model

우편 배달원은 어떤 한 길의 양 측면에 편지를 배달해야한다. 그는 한 측면에 있는 모든 박스 배달을 하고나서, 길을 건너 또 다른 측면에 있는 모든 박스를 배달할 수 있다. 또는 한 박스 배달을 하고 길을 건너서 두 박스 배달을 하고, 다시 길을 건너서 두 박스 배달을 하는 식으로 모든 박스 배달을 다 할 때까지 반복할 수 있다. 어떤 방법이 더 나은가?

요구되는 수학적 개념	대수(방정식과 부등식 다루기)
배우기에 적당한 학생 단계	대수 1

(7) 숲의 재생

Problem/Model

잔디 관리 업자는 새로운 숲속 주택단지에서 그의 사업을 설립하고 싶다. 모든 부지의 크기는 같다. 그리고 각각의 집들은 거의 똑같은 유지 서비스를 요구할 것이다. 업자는 각 집주인들에게 그의 서비스 비용이 일 년에 275달러가 될 것이라고 예상했다. 숲속에는 400개의 집들이 있다. 더 많은 손님을 끌기 위해서 그는 특별한 것을 광고한다. 100명을 넘어 '추가 손님'이 올 때마다, 그는 모든 손님에게 1.5달러 할인을 해줄 것이다. 이 상황에서 얼마만큼의 손님이 와야 이 업자에게 가장 큰 수입을 만들 수 있을 것인가?

요구되는 수학적 개념	기본 계산능력, 함수에 대한 지식
배우기에 적당한 학생 단계	대수 1

(8) 사막 안의 지프차

Problem/Model

지프차 한 대는 본 탱크와 차대에 붙어있는 보조 탱크 안에 50갤런의 연료를 운반할 수 있다. 지프차는 연료 1갤런에 10마일을 갈 수 있고, 헬리콥터와 만나기 위해서는 사막을 1000마일을 달려야 한다. 연료 공급은 오직 시작 지점에서만 할 수 있기 때문에, 지프차는 연료를 계획된 경로를 따라 미리 저장해놓아야 한다. 지프차가 최소한의 연료를 가지고 사막을 100마일을 달리기 위해서는 이 경로의 어디에 얼마만큼의 양의 연료를 미리 저장해놓아야 할까?

요구되는 수학적 개념	산수, 대수
배우기에 적당한 학생 단계	대수 1

(9) 광고 한 마디

Problem/Model

콘서트 기획자는 다가오는 콘서트를 광고하기 위해서 라디오와 텔레비전 시간을 협상하고 있다. 그녀는 홍보에 20000달러까지 쓸 수 있나. 20초짜리 라디오 광고는 각각 100달러가 늘고, 반면 중요한 편성프로그램과 연결하여 30초 동안 텔레비전 광고를 하려면 800달러가 든다. 그녀는 적어도 여러 방송국에 분포된 30번의 라디오 광고를 원한다. 그러나 라디오 방송을 총 60번보다 많이 하지는 않을 것이다. 그녀는 또한 적어도 15번의 텔레비전 광고를 하고 싶어 한다. 그녀가 광고노출을 최대한으로 하고, 거기에 할당받은 예산을 남기려면, 라디오시간과 텔레비전시간을 어느 정도로 계획해야하는가?

요구되는 수학적 개념	부등식 그래프로 그리기(graphing inequalities), 함수 평가하기(evaluating functions)
배우기에 적당한 학생 단계	대수 2

(10) 종이 롤

Problem/Model

종이, 강철, 플라스틱, 알루미늄과 같은 많은 물질들이 다른 장소로 이동하기 위한 과정에 roll로 선적에 있다. 대표적인 문제는 겉 반지름이 5.75인치이고, 속 반지름이 1.75인치인 롤에 저장되는 종이의 피트수를 찾는 것인데, 종이의 두께는 0.003인치이다. 안의 반지름은 종이가 감싸질 때 안의 구멍이다. 만약 1분에 10피트의 지속적인 비율로 종이가 감싸지지 않는다면, 종이 공급이 끊어질 때까지 시간이 멈추고 이익도 사라진다.

요구되는 수학적 개념	산술급수
배우기에 적당한 학생 단계	대수학 2

(11) 투자하기 : 예금 증서

Problem/Model

예금증서를 사기를 원한다. CD는 여러 이자율과 만기기간이 가능하다. 만약 5년의 기간 동안 1000달러 투자하기를 원한다면 어느 것을 선택해야 하는가?

요구되는 수학적 개념	지수함수
배우기에 적당한 학생 단계	대수학 2

(12) Trajectory of a cannonball

Problem/Model

고대의 대포는 초당 460피트의 포구속도를 가졌다. 높이통의 다양한 각도를 이용해 바람의 저항을 무시할 때 대포로부터 포탄이 나가는 범위를 결정해라.

요구되는 수학적 개념	래디안 측정, sine, cosine, 속도 공식
배우기에 적당한 학생 단계	미적분의 전제, 삼각법

(13) 곤충의 먹기 그물

Problem/Model

비오는 날씨, 습기 때문에 지역 당 곤충 수는 급격히 증가했다. 곤충은 사람과 동물을 짜증나게 한다. 국가당국은 전체 곤충을 완전히 박멸하기 위한 살충제를 사용하는 것에 찬성한다. 환경보호회사 직원의 한명으로서, 이러한 행동이 환경에 해로울지 아닐지를 결정해야한다.

요구되는 수학적 개념	간단한 행렬대수
배우기에 적당한 학생 단계	대수학 2

(14) 어느 컵이 최고?

Problem/Model

단열컵의 뜨거운 커피는 방온도로 시간이 지나면서 차가워진다. 커피가 컵에 부어진 $t = 0$일 때, 커피의 온도(T)와 분 단위의 시간(T)의 수학적 관계를 구하라. 세라믹, 플라스틱, 종이, 스티로폼 컵의 함수관계는 본질적으로 같나? 어느 컵이 최고인가?

요구되는 수학적 개념	함수- 일차, power, 지수, 로그
배우기에 적당한 학생 단계	미적분의 전제 또는 미적분

제4장 수학적 모델링의 국내 사례

우리나라에서는 1990년대 초반부터 수학적 모델링에 관한 연구가 관심을 받기 시작하여, 2000년 이후로는 몇몇 연구자들이 수학적 모델링을 집중적으로 연구하고 있는 실정이다. 수학적 모델링 관련 연구로 주미경(1991), 홍정희, 송순희(1995), 권기석, 박배훈(1997), 신은주, 권오남(2001), 신은주, 이종희(2004a, b, c, 2005), 김선희, 김기연(2004), 그리고 김민경, 홍지연, 김은경(2009), 강옥기(2010), 김민경, 홍지연, 김혜원(2010) 등의 연구가 이어지고 있다.

몇 사례를 보면, 우선 중학교 2학년 학생을 대상으로 한 홍정희(1995) 연구의 경우, 우편배달부, 섭씨와 화씨의 관계, 미시시피강의 미래, 후크의 법칙, 주사위 놀이, 복권의 기댓값, 피자 나누기라는 모델링 과제를 제시하여 이를 부등식, 일차함수, 확률을 중심으로 하여 모델링 과정을 거쳐 해결하게 함으로써 학생들이 실생활 속에서 탐구하는 활동을 통해 문제 풀이 능력의 향상과 효과적인 수학 수업이 이루어질 것이라 기대했다.

신은주(2005)의 연구는 중학교 2학년을 대상으로 하여 학생들에게 모델링 과제(수면높이, 미끄럼틀, 바이킹)를 제시하고, 이를 수학적 모델링 과정에서 비선형함수의 그래프와 삼각함수를 활용하여 해결하도록 함으로써 수학적 모델링을 활용한 수업이 수학적 개념 및 원리 등의 수학적 지식을 실세계 맥락의 문제에 적용하는데 효과가 있음을 분석하였다. 그 외 수학적 모델링을 활용한 수업이 미치는 효과에 있어서 학업성취도(전상림, 2008; 정유리, 2010), 함수의 문제해결력(김선영, 2009)을 분석한 연구가 있다.

또한 고등학교 1학년 학생을 대상으로 포식자-먹이라는 모델링 과제를 제시하고 이를 함수 지도와 수학적 모델링 활동에서 스프레드시트를 사용한 손홍찬, 류희찬(2005a) 연구, 고등학교 1학년 학생을 대상으로 모델링 과제(울타리 문제, 오픈박스 문제)를 제시하여 스프레드시트 환경에서 모델링 활동을 통한 수학적 발견의 정당화를 찾는 손홍찬, 류희찬(2005b) 연구, 고등학교 1학년 학생을 대상으로 모델링 과제(캔문제, 수영장 박테리아)를 제시하여 수학적 모델링에서 스프레드시트 환경이 수학적 모델의 정교화 과정에 미치는 역할을 연구한 손홍찬, 류희찬(2007) 연구가 있다.

더욱이 성호금(2000)의 연구는 고등학교 3학년 학생을 대상으로 17개의 모델링 과제(그래프와의 여행, 경제적인 휴대폰 요금체계, 우물의 깊이, 처리해야 할 쓰레기의 양 예측, 자동차 대여 전략, 광고 전략, 농어의 무게, 깡통의 규격, 건물의 최대 공간 확보, 원고 번역료, 도매상의 위치, 인구 예측, 투자 전략, 황색 신호등, 페리스 관람차, 포탄의 탄도)를 수학적 모델링 과정을 거쳐 해결하는 경험을 통해 수학적 모델링 지도가 수학의 유용성에 대한 학생들의 인식을 긍정적으로 변화시키는데 효과가 있음을 보여주고 있다.

그뿐 아니라, 고등학생과 대학교 1,2학년을 대상으로 모델링과 현행 교수요목 사이에 통합 가능성을 알아보고 모델링을 교육과정에 도입하기 위한 구성원리를 제시한 신현성(2001)의 연구, 엑셀을 활용한 소그룹 모델링에서의 상호작용을 중학교 2학년 대수영역을 중심으로 복사업체 선정문제, 영희의 임금문제, 제주도 팬션문제와 같은 모델링 과제를 제시하고 양, 양들간의 관계, 구성하는 모델을 바탕으로 연구한 류희찬, 김지연(2005)의 연구가 있다. 국내 학술지에 발표된 이들 연구들은 모두 중고등학생을 대상으로 모델링 과제를 제시하고, 수학적 모델링 과정을 거쳐 실행한 자료를 수집, 분석한 것으로 수학적 모델링의 긍정적 효과를 나타내고 있다.

한편 강옥기(2010)는 보다 세련된 수학적 모델링의 정교화 모델을 아래와 같이 제시하였다.

- 실세계 문제 상황으로부터 변화의 요인들을 관찰하고 자료를 수집하여 실제적인 문제 구성
- 실제적 문제를 수학적 문제 즉 수학적 모델로 변환
- 수학적 모델을 변형하여 그 해 구하기
- 수학적 모델에서 얻어진 해가 실제 문제에 의미가 있는지 조사해보고, 의미가 만족할 정도가 아니면 수학적 모델 단계로 돌아가서 수정하거나 같은 가정 하에서 정교화 된 새로운 수학적 모델을 구성
- 수학적 해가 의미가 있으면 실제 문제의 해로 해설
- 만들어진 수학적 모델을 실세계의 유사한 상황에 적용

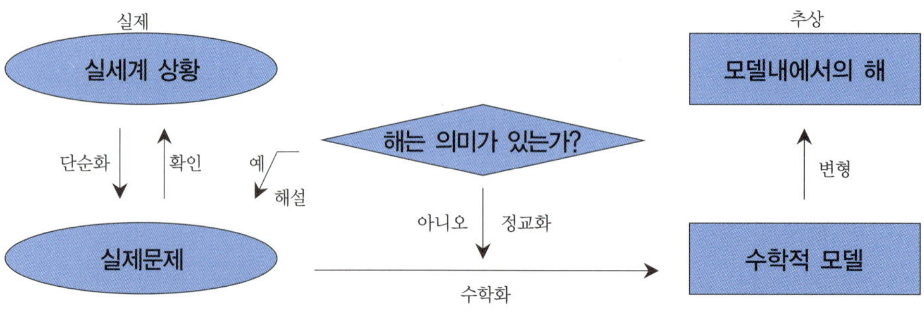

[그림 4-1] 수학적 모델링의 정교화 모델
(강옥기, 2010)

이를 중등수학에 활용할 수 있는 수학적 모델링의 사례를 다음과 같이 제시한 바 있다(강옥기, 2010).

- 사례 1. 어떤 용기안에 들어있는 효모의 증식에 관한 수학적 모델링을 만들어보기
- 사례 2. 높은 빌딩에서 물체를 지면으로 떨어뜨리고 이를 관찰하여 떨어진 시간과 떨어진 거리의 관계를 알아보기
- 사례 3. 두 도시 사이의 거리를 구하는 방법을 알아보기

한국교육학술정보(KERIS)에서 제공하는 학술연구정보서비스(RISS : www.riss4u.net)의 학위논문검색에서 수학적 모델링을 검색하여 중등과 초등에서 연구한 수학적 모델링 관련 석사, 박사 학위 논문을 검색한 결과, 중등을 대상으로 한 수학적 모델링 관련 학위 논문은 80편 이상(〈부록 I〉 참조 : 83편)으로 나타났다.

이에 반하여 초등의 경우 두 편(〈표 4-1〉)의 초등학생 대상 수학적 모델링 관련 학위 논문이 검색되었다. 구체적으로 초등수학 영재학급 학생 대상의 김홍희(2009), 4학년 일반학급 초등학생을 대상으로 한 홍지연(2007)의 논문이 있다. 결국 부록과 〈표 4-1〉에서 보듯이 우리나라의 경우 학위 논문 역시 중등학생을 중심으로 수학적 모델링 연구가 이루어지고 있음을 알 수 있다.

〈표 4-1〉 초등을 대상으로 한 수학적 모델링 관련 논문

년도	연구자	논문제목		석사 박사
2007	홍지연	수학적 모델링을 활용한 수업이 초등학교 4학년 수와 연산 학습에 미치는 효과	수학적 모델링을 활용한 수업이 수와 연산 학습에 미치는 효과를 개념 이해, 원리 이해, 식 세우기, 문제 만들기와 관련지어 검증	석사
2009	김홍희	초등 수학영재학급 학생의 수학적 모델링 과정에 대한 분석	초등 수학영재학급 학생들에게 수학적 모델링 과정을 적용해 봄으로써 초등 수학영재학급에서 수학적 모델링 활동 지도를 위한 시사점을 얻기 위함.	석사

초등학생 4학년을 대상으로 한 홍지연(2007) 연구에서는 수학적 모델링을 활용한 수학 수업이 수와 연산 영역에 대한 수학적 능력 검사 결과에서 유의미한 차이를 보이며 긍정적인 효과를 나타내었다. 이 결과를 수학적 능력의 하위 요소 별로 나누어 분석한 결과, 수학적 모델링 활용 수업은 문제해결능력의 요소 중 특히 문제 만들기에 있어서 유의한 차이를 나타냄으로써 긍정적인 효과를 나타내었고, 또한 수학적 모델링 활용 수업에서 나타나는 수학의 응용 학습과 상황적·

실제적 추상화 학습은 수업이 진행 된 단원 및 차시의 내용에 따라, 그리고 학습자 개개인의 수학적 지식 및 문제 해결에 관한 응용 및 적용 능력의 차이에 따라 다양한 형태를 보인 것으로 나타났다.

김홍의(2009)의 연구는 초등 수학영재학급 학생들에게 수학석 모델링 과성을 적용해 봄으로써 초등 수학영재학급에서 수학적 모델링 활동 지도를 위한 시사점을 제시하기도 하였다. 이 연구에서 '행복동의 전철역은 어디에?', '범인을 잡아라', '편지배달하기' 등이 모델링 문제 상황으로 적용, 분석되었다.

제5장 교과서 사례 분석

최근 교과서는 과거의 전통적 수학교과서와는 다르게 현실적 맥락을 중요시하고 있다. 특히 미국 교과서에는 수학적 모델링이 강조된 부분이 포함되어 있음을 볼 수 있다. 이에 미국 개혁 교과서 중 Mathematics in Context(MiC)와 우리나라 수학교과서를 검토하고, 수학적 모델링 적용 사례 측면에서 교과서 분석 관점을 정하고 MiC 교재(나온교육연구소, 2003)와 우리나라 교과서(교육과학기술부 a, b)를 비교하여 보았다. 본 장에서는 MiC 교재와 우리나라 교과서를 류희찬, 권성룡, 김남균(2003) 연구의 미국 교과서의 모델링 지도방안과 그 시사점 내용을 참고로 하여 MiC 교재와 우리나라 교과서의 수학적 모델링 적용 사례 비교 관점을 실세계 맥락의 상황 제시, 모델의 형성과 적용, 수학적 사고 및 의사소통으로 정하고, 2007 개정 수학과 교육과정의 영역인 수와 연산, 도형, 측정, 확률과 통계, 규칙성과 함수의 5개 영역별로 비교·분석하였다.

01 MiC 교재와 우리나라 교과서 수학적 모델링 적용 사례 비교 : 수와 연산 영역

MiC 교재와 우리나라 교과서의 수와 연산 영역에서 비교될 단원은 MiC 교재의 똑같이 나누어요(Some of the Parts)와 우리나라 교과서 6-나 1. 분수의 나눗셈 단원이다.

(1) 실세계 맥락의 상황 제시

MiC 교재에서는 '똑같이 나누어요' 단원에서 분수의 개념과 활용에 대해 다루고 있다. 이때 활용된 실생활 문제는 아동에게 친숙하고 흥미로운 현실 맥락속 문제로 구체적인 예를 들면 다음과 같다. 자연 탐사에서 먹을 점심 식사인 샌드위치를 모둠별로 나누어 먹는 상황을 제시하고 샌드위치의 모양은 다르지만 크기는 같도록 나누어 보는 방법을 생각해보게 하기, 친구들과 태평양을 항해하다가 배가 난파되어 무인도에 도착한 후 코코넛즙을 모으고 나누는 상황 제시, 요리 재료의 양을 잴 때 표준 계량을 하는 것이 필요함을 시작으로 피자와 컵케이크의 요리 레시피

속에서 분수의 개념을 익히도록 하기, 나만의 요리법 만들기 등이 있다. 이와 같이 현실 맥락적 소재와 상황을 제시하는 것은 아동의 흥미를 높이고 동기유발을 시켜 실생활 속 수학문제해결을 경험하게 하고 합리적인 판단을 하도록 돕는다.

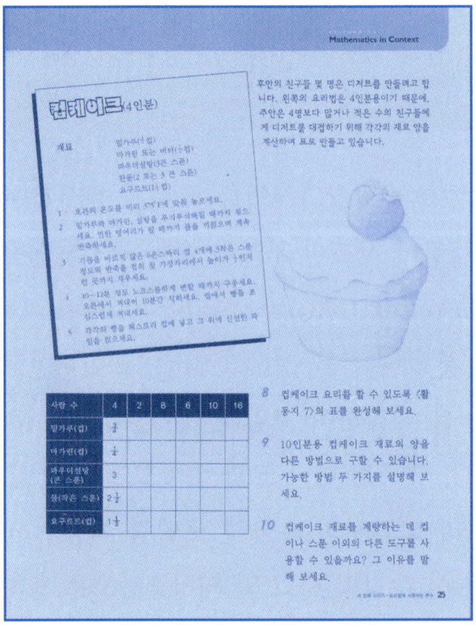

[그림 5-1] MiC 교재, p.25

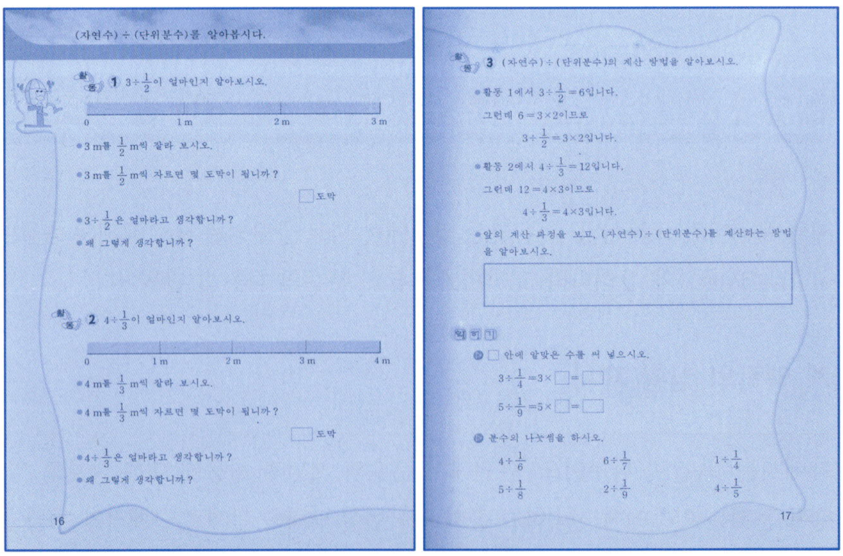

[그림 5-2] 6-나, p.16-17

우리나라 교과서의 경우 분수의 나눗셈을 도입할 때 현실 맥락 상황을 제시하기 보다는 분수의 개념이 무엇인지 계산을 통해 경험하게 하고, 계산 방법에 관하여 체계적으로 설명해주고 있다. 예를 들어 자연수 ÷ 단위분수 도입과정을 살펴보면 활동 1, 2, 3을 통해 순차적으로 학습하며 계산 방법이 무엇인지 해보고 활동들을 종합하여 계산방법을 스스로 발견하도록 하는데 주안점을 두고 있다. 그러나 학생들이 직접 해볼 수 있는 기회가 많지 않으며 계산하는 과정을 나열하는데 그쳐 아동의 흥미와 문제해결 동기를 유발하는 데는 한계가 있다.

(2) 모델의 형성과 적용

MiC 교재의 현실 맥락적 상황들은 아동의 흥미를 유발시킬 뿐 아니라, 스스로 탐구할 수 있는 기회가 되기도 한다. 또한 여러 발문들은 아동이 활동을 통해 수학적 모델을 형성할 수 있도록 돕는다. 예를 들어 '난파선' 문제의 경우, 무인도에서 얻게 된 코코넛 즙을 활용하여 코코넛 즙을 캔에 담는 다양한 방법들을 고민해보게 한다. '다른 방법으로 문제를 해결해보고 어떻게 해결하였는지 설명해보자' 라든가, '캔 하나에 코코넛 즙을 담을 수 있는 경우를 적어도 5가지 정도 생각해보자' 등 정해진 방법과 절차를 따르는 것이 아니라 탐구하도록 유도하고 있다. 이러한 활동을 통해 아동들은 자연스럽게 수학적 모델을 형성하게 된다. 뿐만 아니라 이를 여러 다른 상황에도 적용할 기회를 제공하고 있는데, 그 예로 '네 번째 이야기—양은 얼마나 될까?'에서 제시한 '인구 막대' 상황을 들 수 있다. 미국에서 살고 있는 다양한 인종을 인구 비례로 나타낸 띠막대를 제시하고 이를 분수 막대로 나타내보게 하는 활동인데 최종 과제로 스스로 조사한 자료를 이용하여 인구막대를 만들어보게 함으로써 모델을 적용해보게 한다.

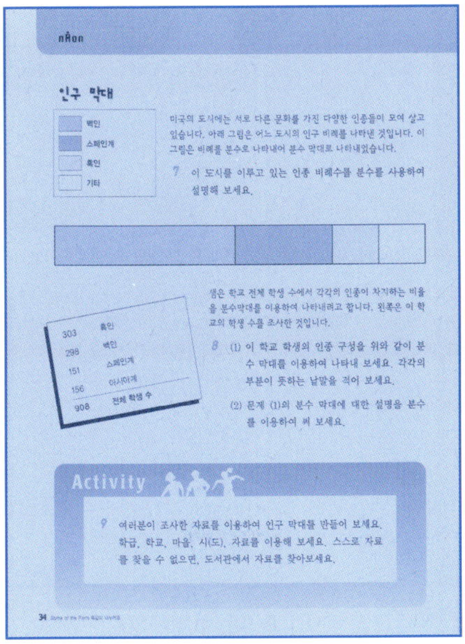

[그림 5-3] MiC 교재, p.34

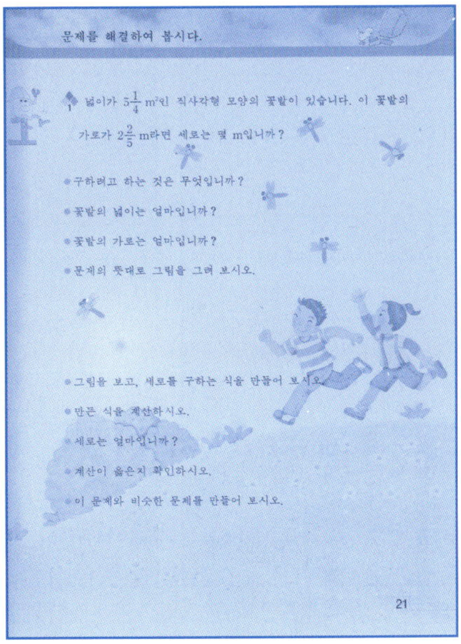

[그림 5-4] 6-나, p.21

우리나라 교과서의 경우 '문제를 해결하여 봅시다' 활동을 통해 문제를 해결하는 과정을 단계별로 제시해주고 있다. 또한 '이 문제와 비슷한 문제를 만들어 보자'는 문항이 있으나 아동이 다양한 방법으로 탐구해볼 기회를 제공하기보다는 주어진 방법과 절차를 그대로 따르도록 되어 있어 모델 형성 및 적용의 경험을 하기 어렵다.

(3) 수학적 사고 및 의사소통

스스로 문제의 해결 방법을 탐구해보고 여러 활동을 통해 모델을 형성하고 적용해보는 과정은 아동에게 수학 지식을 내면화하고 수학적 가치를 깨닫게 하며, 가역적 사고, 귀납적 사고, 추론적 사고 등을 가능하게 한다. MiC 교재에서는 이러한 수학적 사고를 돕기 위해 아동들이 배운 개념이나 이해한 내용을 다시 써보게 하거나 발표해보게 한다. 예를 들어, 두 건물의 선호도에 관한 신문기사를 주고 이를 근거로 자신의 의견을 나타내보게 한다거나, 먹고 남은 콘프레이크 상자의 무게를 어림해보는 여러 방법을 찾아보게 한다. 또한 난파선의 코코넛즙 문제에서는 서로 다른 양이 담긴 캔 3개를 크기가 같은 빈캔 하나에 즙을 모두 담는 방법을 직접 해보지 않고 추론해보게 한다. (MiC 교재, p17) 이 과정에서 아동들은 자신의 생각을 수학적 근거를 들어 발표하고 다른 사람의 의견을 들으면서 수학적 의사소통이 원활히 이루어지게 된다.

우리나라 교과서에서도 '왜 그렇게 생각합니까?' 또는 '어느 방법이 가장 간편하다고 생각합니까?' 등의 발문으로 아동의 생각을 말로 표현해볼 수 있는 기회를 갖게 한다. 그러나 그 문제가

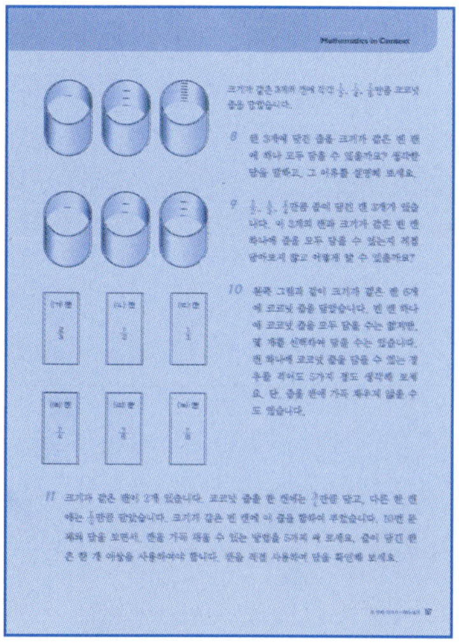

[그림 5-5] MiC 교재, p.17

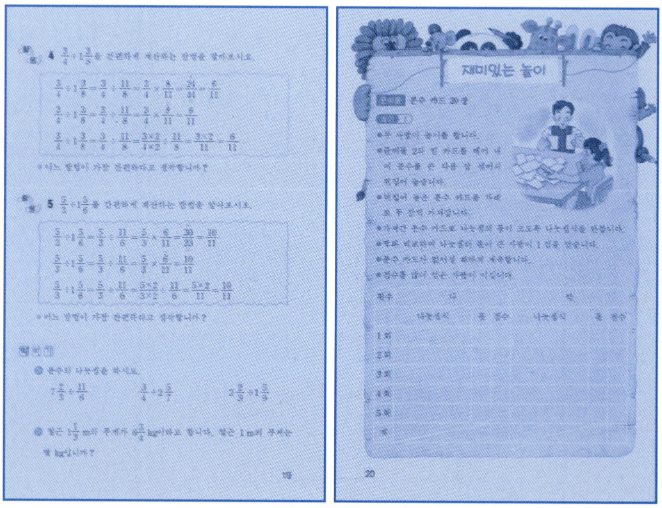

[그림 5-6] 6-나, p.19-20

매우 단순하고 정해진 답이나 방법이 있는 것이므로 아동의 다양한 사고를 이끌어내기에는 다소 무리가 있다. 또한 다양한 의견을 가질 수 있는 문제가 아니므로 다른 아동과 상호토론이나 의사소통을 요하지 않으므로 이러한 경험을 하기 어렵다. '재미있는 놀이' 코너에서 짝과 함께 활동하면서 분수의 나눗셈식을 서로 검토하고 비교할 수 있으나, 이러한 활동 역시 그 방법과 절차가 단순하고 계산식의 반복과 검토만으로도 놀이가 가능하므로 풍부한 의사소통이 이루어지기 어렵다고 판단된다.

02 MiC 교재와 우리나라 교과서 수학적 모델링 적용 사례 비교 : 도형 영역

MiC 교재와 우리나라 교과서의 도형 영역에서 비교될 단원은 MiC 교재의 다르게 보여요(Side Seeing)와 우리나라 교과서 6-가 4. 쌓기나무 단원이다.

(1) 실세계 맥락의 상황 제시

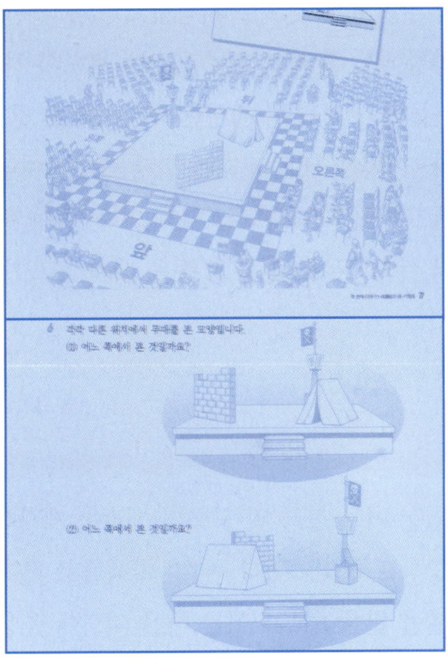

[그림 5-7] MiC 교재, p.7 & p.10

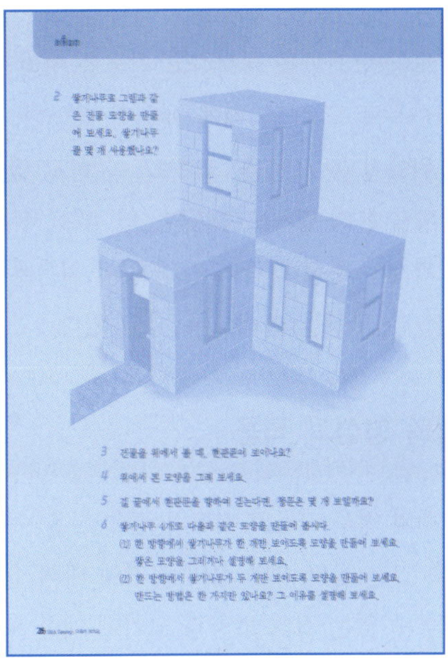

[그림 5-8] 6-가, p.26

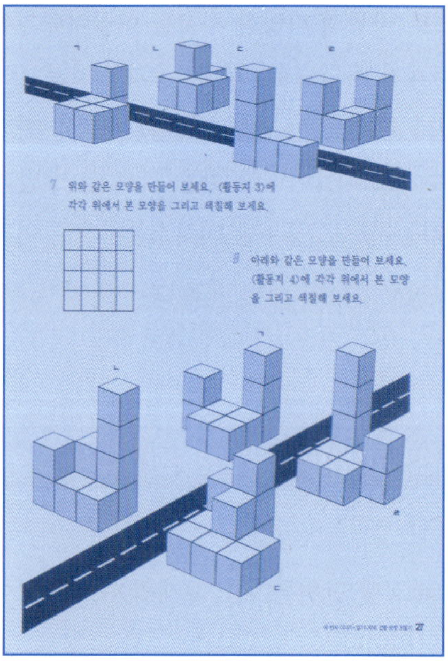

[그림 5-9] MiC 교재, p.27

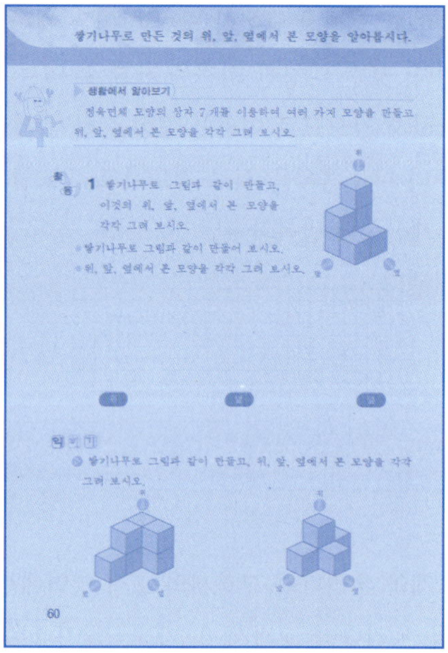

[그림 5-10] 6-가, p.60

입체도형을 앞, 옆, 위에서 본 모양을 학습하는 내용과 관련하여 MiC 교재는 학예회 공연 무대를 앞, 뒤, 오른쪽, 왼쪽의 위치에서 본 모습을 알아보는 것으로 시작하고 있을 뿐만 아니라, 쌓기나무 모양의 건물을 제시하고 건물을 여러 방향에서 볼 때의 모습을 알아보도록 하고 있다. 또한 쌓기나무로 도로 양 옆에 세워진 다양한 건물들의 모습을 제시한 후, 이들을 쌓기나무로 쌓아보고 위에서 본 모양을 그려보도록 하고 있다. 이렇게 MiC 교재는 학생들로 하여금 실세계 맥락의 상황을 통해 입체도형의 앞, 옆, 위에서 본 모양을 학습하도록 하고 있다. 이에 반해 우리나라의 교과서는 현실 맥락과 관련 없이 처음부터 쌓기나무로 쌓은 모습을 제시하고 이것을 앞, 옆, 위에서 본 모양을 그리도록 하고 있다.

(2) 모델의 형성과 적용

MiC 교재의 경우 마을의 지도와 집을 지을 수 있는 기준 블록 및 블록의 개수를 제시하고 마을에 지을 수 있는 집의 수와 집의 크기에 대해 설명하도록 되어있다. 이는 학생들로 하여금 블록 4개로 만들 수 있는 집의 모양과 크기에 대한 모델을 만들어보고 이를 마을 지도에 응용해 봄으로써 학습자 스스로가 모델을 형성하고 적용해보도록 한 것인데, 학생들이 여러 가지 방법을 생각하고 비교해봄으로써 문제 상황에 적절한 것을 찾아내고 이를 문제를 해결하는데 활용하도록 하고 있다.

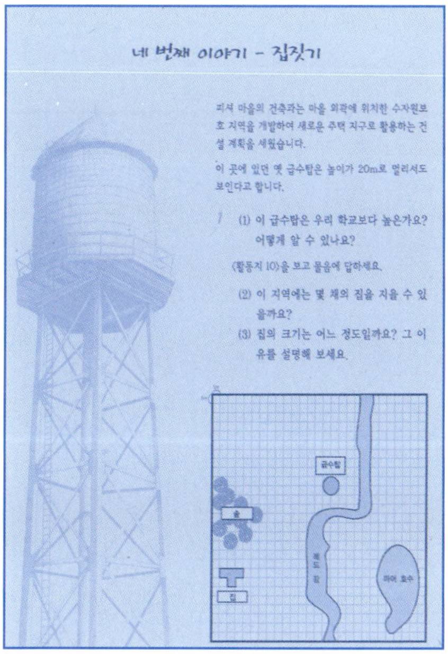

[그림 5-11] MiC 교재, p.33

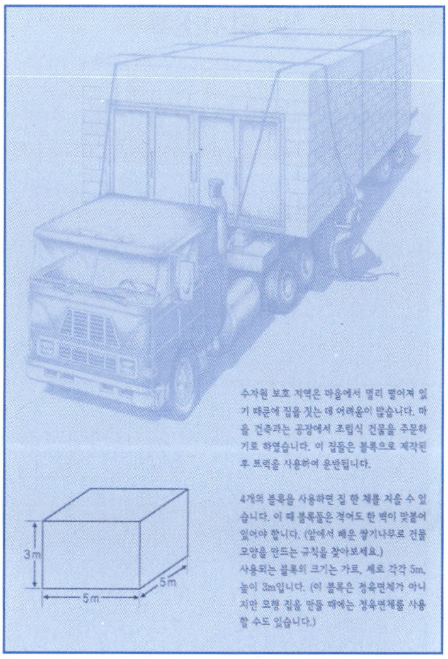

[그림 5-12] MiC 교재, p.34

[그림 5-13] 6-가, p.64

반면, 우리나라 교과서의 경우 쌓기나무 3개로 만들 수 있는 서로 다른 모양을 구하는 활동에서 모양의 높이가 1층인 경우, 2층인 경우, 3층인 경우를 만들어보라고 직접적으로 제시하여, 학생들에게 문제 상황에 대하여 정해진 특정 방법을 제시하고 그에 따라 활동하도록 함으로써 학습자 스스로 모델을 구성하고 이를 적용하는 기회를 제공하지 못하고 있다.

(3) 수학적 사고 및 의사소통

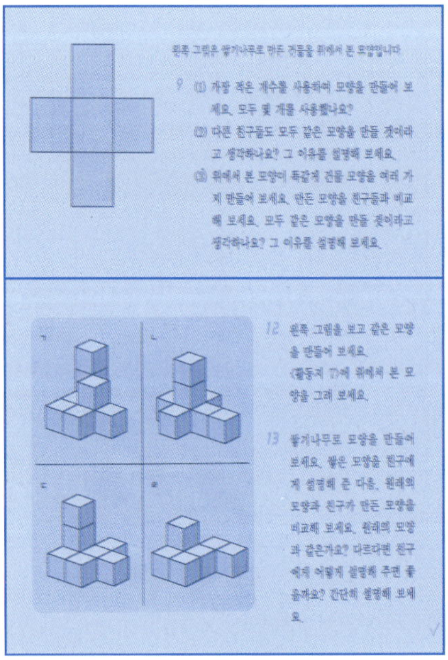

[그림 5-14] MiC 교재, p.28 & p.29

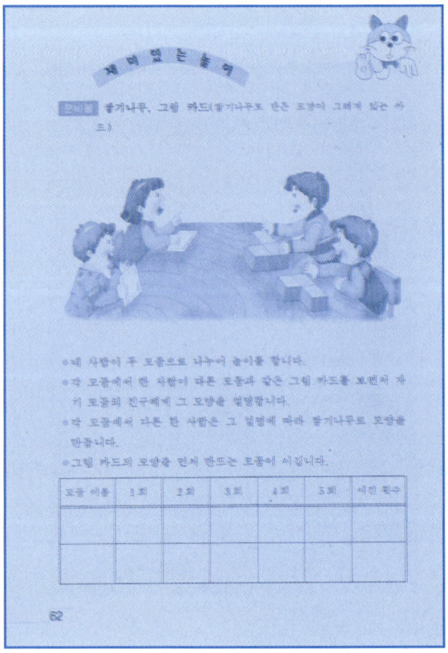

[그림 5-15] 6-가, p.62

위의 MiC 교재의 사례를 보면 문제 해결에 대한 자신의 생각 및 그렇게 생각한 이유를 말로 설명하고, 그림으로 그리도록 하여 친구들과 비교해본 후 자신의 생각을 친구들을 이해시키도록 하는 과정을 통해 수학적으로 사고하고 수학적으로 의사소통하며 상호작용하도록 하고 있음을 알 수 있다. 반면, 우리나라 교과서의 경우는 각 모둠의 한 사람이 다른 모둠원들에게 쌓기나무 모양을 설명하고 그 설명에 따라 쌓기 나무로 모양을 만드는 놀이를 하도록 하고 있지만, 한 학생의 일방적인 설명일 뿐, 이에 대한 다른 친구들의 의견이나 피드백이 이루어지지 않은 채, 단순한 놀이로 끝나고 있어 학생들이 수학적으로 사고하거나 의사소통 및 상호작용하는데 제한적이라 할 수 있다.

03 MiC 교재와 우리나라 교과서 수학적 모델링 적용 사례 비교 : 측정 영역

MiC 교재와 우리나라 교과서의 측정 영역에서 비교될 단원은 MiC 교재의 내 몸 안의 수(Made to Measure)와 우리나라 교과서 6-가 5. 겉넓이와 부피 단원이다.

(1) 실세계 맥락의 상황 제시

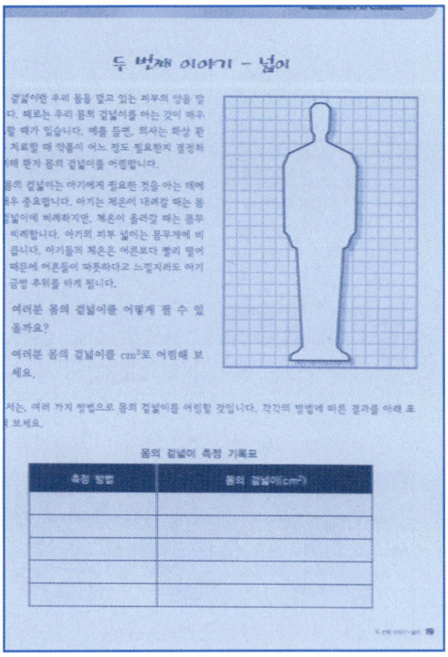

[그림 5-16] MiC 교재, p.19

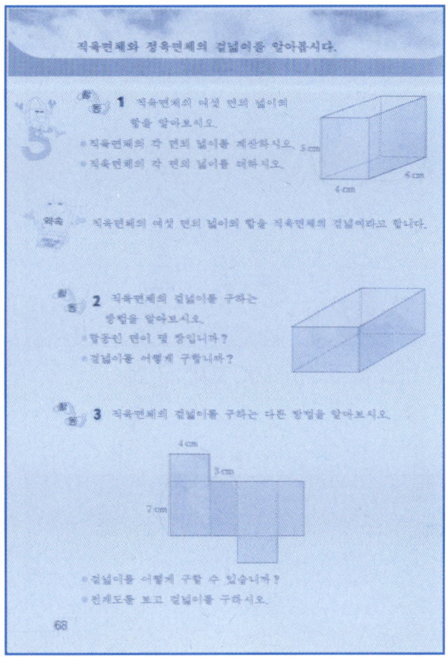

[그림 5-17] 6-가, p.68

겉넓이를 다루는 데 있어 두 교과서의 현격한 차이는 현실 맥락의 상황 제시에서 나타난다고 할 수 있다. MiC 교재의 경우는 자신의 신체를 소재로 활용하거나 신체의 일부분을 활용하여 직접 측정하도록 하는 과제를 제시하여 학생들이 스스로 수학적 개념에 대한 의미구성을 할 수 있도록 하고 있는데 반해, 우리나라 교과서 겉넓이의 학습에 있어서는 '생활에서 알아보기'의 제시도 생략된 채 직육면체와 정육면체의 겉넓이를 구하도록 되어 있다.

(2) 모델의 형성과 적용

MiC 교재는 여러 가지 측정 방법을 활용하여 몸의 겉넓이를 측정하게 해보는데, 이때 한 가지 방법만 제시하는 것이 아니라, 자신의 겉넓이를 어림하는데 사용한 여러 가지 방법을 비교해보고,

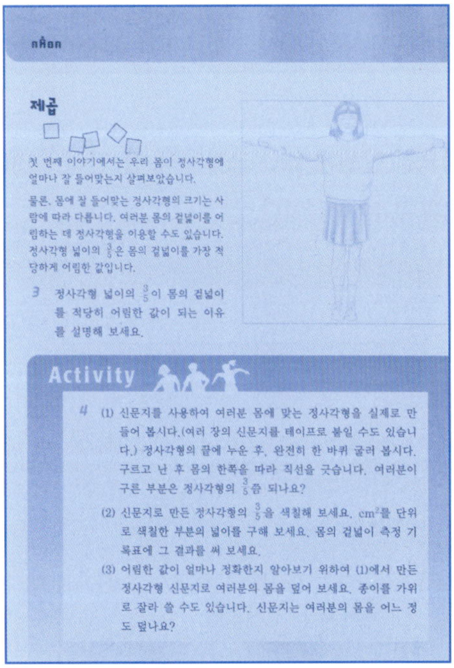

제곱

첫 번째 이야기에서는 우리 몸이 정사각형에 얼마나 잘 들어맞는지 살펴보았습니다.

물론, 몸에 잘 들어맞는 정사각형의 크기는 사람에 따라 다릅니다. 여러분 몸의 겉넓이를 어림하는 데 정사각형을 이용할 수도 있습니다. 정사각형 넓이의 $\frac{3}{5}$은 몸의 겉넓이를 가장 적당하게 어림한 값입니다.

3 정사각형 넓이의 $\frac{3}{5}$이 몸의 겉넓이를 적당히 어림한 값이 되는 이유를 설명해 보세요.

Activity

4 (1) 신문지를 사용하여 여러분 몸에 맞는 정사각형을 실제로 만들어 봅시다.(여러 장의 신문지를 테이프로 붙일 수도 있습니다.) 정사각형의 끝에 누운 후, 완전히 한 바퀴 굴러 봅시다. 구르고 난 후 몸의 한쪽을 따라 직선을 긋습니다. 여러분이 구른 부분은 정사각형의 $\frac{3}{5}$쯤 되나요?

(2) 신문지로 만든 정사각형의 $\frac{3}{5}$을 색칠해 보세요. cm^2를 단위로 색칠한 부분의 넓이를 구해 보세요. 몸의 겉넓이 측정 기록표에 그 결과를 써 보세요.

(3) 어림한 값이 얼마나 정확한지 알아보기 위하여 (1)에서 만든 정사각형 신문지로 여러분의 몸을 덮어 보세요. 종이를 가위로 잘라 쓸 수도 있습니다. 신문지는 여러분의 몸을 어느 정도 덮나요?

[그림 5-18] MiC교재, p.20

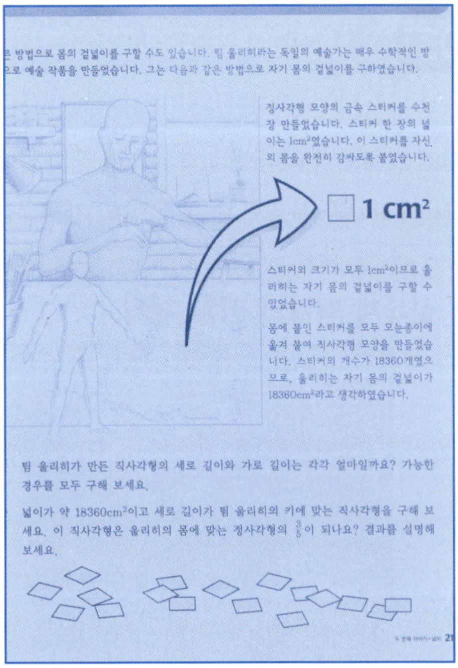

…른 방법으로 몸의 겉넓이를 구할 수도 있습니다. 팀 울리히라는 독일의 예술가는 매우 수학적인 방…으로 예술 작품을 만들었습니다. 그는 다음과 같은 방법으로 자기 몸의 겉넓이를 구하였습니다.

정사각형 모양의 금속 스티커를 수천 장 만들었습니다. 스티커 한 장의 넓이는 $1cm^2$였습니다. 이 스티커를 자신의 몸을 완전히 감싸도록 붙였습니다.

스티커의 크기가 모두 $1cm^2$이므로 울리히는 자기 몸의 겉넓이를 구할 수 있었습니다.

몸에 붙인 스티커를 모두 모눈종이에 옮겨 붙여 직사각형 모양을 만들었습니다. 스티커의 개수가 18360개였으므로, 울리히는 자기 몸의 겉넓이가 $18360cm^2$라고 생각하였습니다.

팀 울리히가 만든 직사각형의 세로 길이와 가로 길이는 각각 얼마일까요? 가능한 경우를 모두 구해 보세요.

넓이가 약 $18360cm^2$이고 세로 길이가 팀 울리히의 키에 맞는 직사각형을 구해 보세요. 이 직사각형은 울리히의 몸에 맞는 정사각형의 $\frac{3}{5}$이 되나요? 결과를 설명해 보세요.

[그림 5-19] MiC교재, p.21

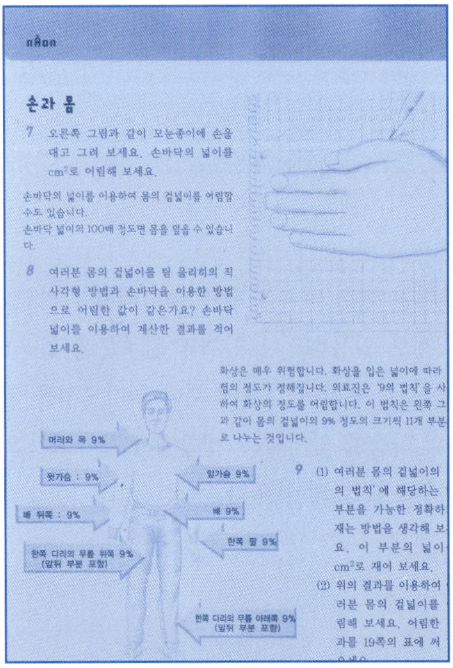

손과 몸

7 오른쪽 그림과 같이 모눈종이에 손을 대고 그려 보세요. 손바닥의 넓이를 cm^2로 어림해 보세요.

손바닥의 넓이를 이용하여 몸의 겉넓이를 어림할 수도 있습니다.
손바닥 넓이의 100배 정도면 몸을 덮을 수 있습니다.

8 여러분 몸의 겉넓이를 팀 울리히의 직사각형 방법과 손바닥을 이용한 방법으로 어림한 값이 같은가요? 손바닥 넓이를 이용하여 계산한 결과를 적어 보세요.

화상은 매우 위험합니다. 화상을 입은 넓이에 따라 험의 정도가 정해집니다. 의료진은 '9의 법칙'을 사…하여 화상의 정도를 어림합니다. 이 법칙은 왼쪽 그…과 같이 몸의 겉넓이의 9% 정도의 크기씩 11개 부분…로 나누는 것입니다.

9 (1) 여러분 몸의 겉넓이의 … 의 법칙'에 해당하는 … 부분을 가능한 정확하… 재는 방법을 생각해 보… 요. 이 부분의 넓이… cm^2로 재어 보세요.

(2) 위의 결과를 이용하여 … 러분 몸의 겉넓이를 … 림해 보세요. 어림한 … 과를 19쪽의 표에 써 …

[그림 5-20] MiC교재, p.22

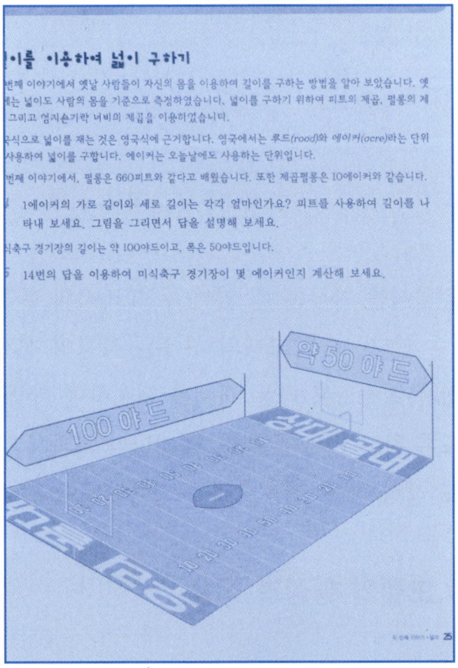

…이를 이용하여 넓이 구하기

…번째 이야기에서 옛날 사람들이 자신의 몸을 이용하여 길이를 구하는 방법을 알아 보았습니다. 옛…에는 넓이도 사람의 몸을 기준으로 측정하였습니다. 넓이를 구하기 위하여 피트의 제곱, 펄롱의 제… 그리고 엄지손가락 너비의 제곱을 이용하였습니다.

…국식으로 넓이를 재는 것은 영국식에 근거합니다. 영국에서는 루드(rood)와 에이커(acre)라는 단위…사용하여 넓이를 구합니다. 에이커는 오늘날에도 사용하는 단위입니다.

…번째 이야기에서, 펄롱은 660피트와 같다고 배웠습니다. 또한 제곱펄롱은 10에이커와 같습니다.

… 1에이커의 가로 길이와 세로 길이는 각각 얼마인가요? 피트를 사용하여 길이를 나타내 보세요. 그림을 그리면서 답을 설명해 보세요.

…식축구 경기장의 길이는 약 100야드이고, 폭은 50야드입니다.

…5 14번의 답을 이용하여 미식축구 경기장이 몇 에이커인지 계산해 보세요.

[그림 5-21] MiC교재, p.25

어느 방법이 더 정확하다고 생각하는지, 왜 그렇게 생각하는지를 이야기해보도록 하고 있다. 또한 한 가지 문제 상황에서 여러 가지 수학적 개념이 활용되도록 하고 있으며, 단순히 한 가지 수학적 개념의 습득에서 끝나지 않고, 개념들 간의 관계를 찾도록 유도하고 있다. 즉 측정값을 여러 나라에서 쓰이는 다양한 단위로 환산해 보는 활동에서 축척의 개념까지 활용하도록 하고, 키와 넓적다리 둘레의 길이와 몸 전체의 겉넓이 사이의 관계까지 유도하며, 두 가지 방법으로 10명의 손의 부피를 측정한 후, 밀리리터와 세제곱센티미터의 관계를 찾아보도록 하고 있다.

우리나라 교과서의 경우(6-가, p.68) 겉넓이를 구함에 있어서 우선 직육면체의 넓이를 구하고, 합동인 면이 몇 쌍인지 알아본 후 겉넓이를 구하는 방법을 찾고 있으며, 다른 방법으로 전개도를 보고 겉넓이를 구하는 방법을 직접 제시하고 있다. 그런 후에 겉넓이를 구하는 방법을 글로 써보도록 하는데, 여기에서는 정해진 방법이 제시되고 그 방법을 따르도록 되어 있어 학습자 스스로 모델을 구성하는 기회가 주어지지 않는다.

(3) 수학적 사고 및 의사소통

MiC 교재의 경우 생각문제를 통해 문제를 해결한 자신의 사고 과정을 반성하고 평가하도록 하여 올바른 문제 해결 방향으로 나아갈 수 있도록 하고 있는 것에 반해, 우리나라 교과서의 경우 학생들 간의 토론이나 개념에 대한 실생활 맥락으로의 응용이 강조되고 있지 않은 상황이다.

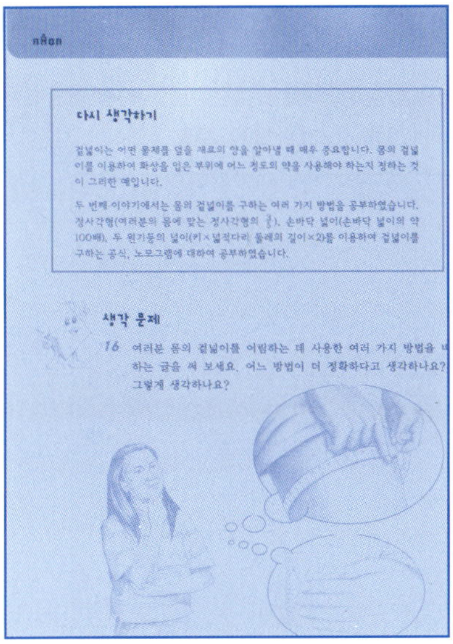

[그림 5-22] MiC 교재, p.26

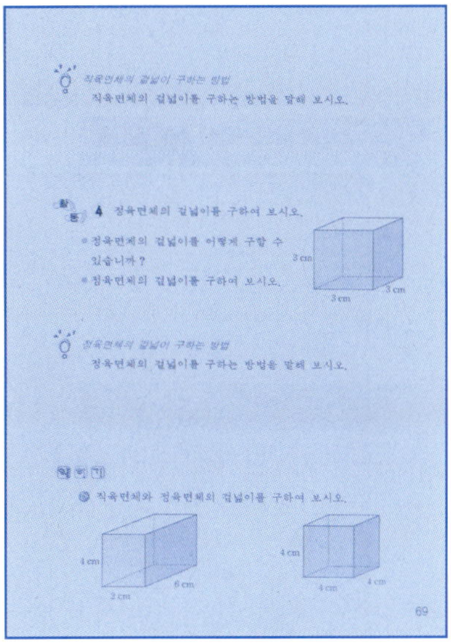

[그림 5-23] 6-가, p.69

MiC 교재는 문제를 해결함에 있어 어떻게 해결하면 좋을지, 왜 그렇게 생각하는지 자신의 생각을 말로 설명하거나 글로 써보도록 혹은 그림으로 그려보는 기회를 제공하고 있다. 또한 과제 활동을 한 후 활동 결과에 대하여 친구들과 의견을 공유하도록 하는 과정을 통해 수학적 의사소통과 상호작용을 높이고 있다.

우리나라 교과서의 경우는 '겉넓이를 구하는 다른 방법을 생각해보자'라는 문구가 나와 있지만 (6-가, p.68) 전개도를 통해 푸는 방법이 제시되고 있으며, 활동 1~활동 4를 통해 겉넓이를 구하는 공식을 말하게 하고 있지만 학생이 찾는 겉넓이의 다양한 방식이 고려된 것이 아니라 이 역시 제시된 모델을 해결하는 과정 속에서 찾게 하고 있어 학생들이 수학적 의사소통이나 상호작용을 통해 해결할 수 있는 기회가 부족하다.

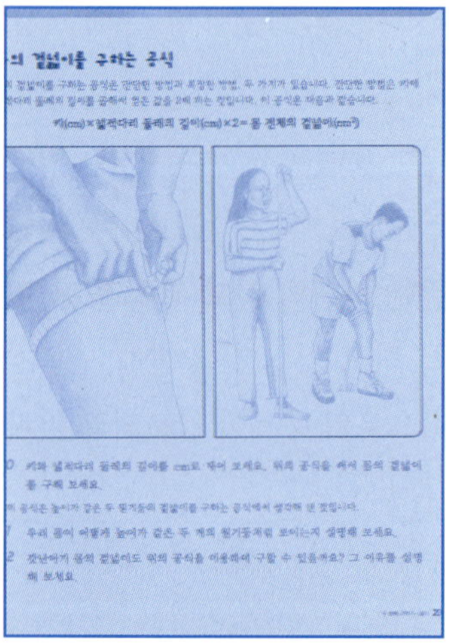

[그림 5-24] MiC교재, p.23

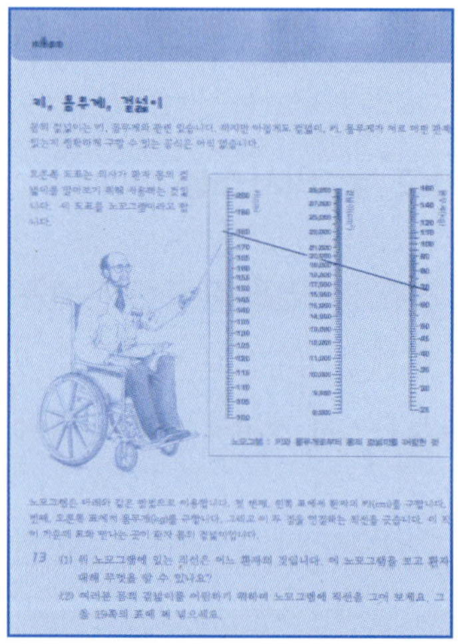

[그림 5-25] MiC교재, p.24

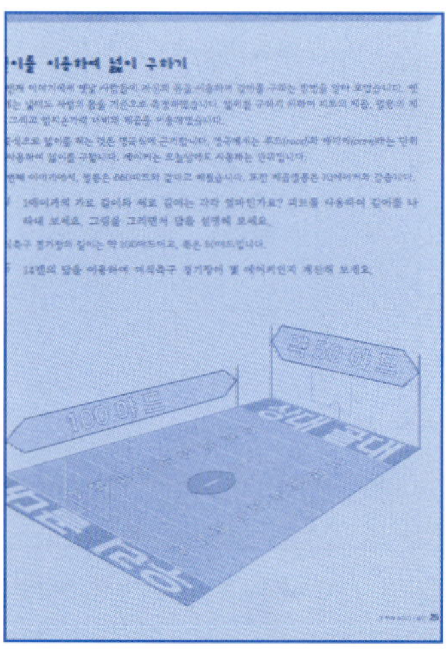

[그림 5-26] MiC교재, p.25

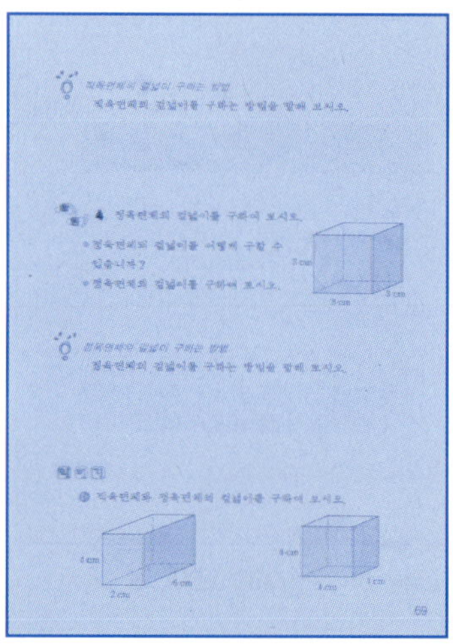

[그림 5-27] 6-가, p.69

04 MiC 교재와 우리나라 교과서 수학적 모델링 적용 사례 비교 : 확률과 통계 영역

MiC 교재와 우리나라 교과서의 측정 영역에서 비교될 단원은 MiC 교재의 수를 그린다고?(Picturing Numbers)와 우리나라 교과서 6-가 8. 비율그래프 단원이다.

(1) 실세계 맥락의 상황 제시

MiC 교재에서는 어린이가 흔히 접할 수 있는 여러 소재들을 활용하여 자료를 수집하고 표현하는 방법을 탐색하고 주어진 통계 자료를 바르게 해석할 수 있는 기회를 제공한다. 여기에서 주목할 것은, 아동에게 보다 친숙하고 현실 맥락과 관련된 소재를 통해 아동으로 하여금 문제를 해결하고자 하는 동기를 충분히 부여하고 있다는 것이다. 예를 들어, 막대 그래프를 시작하기에 앞서 고래 수가 줄어들어 고래 보호 캠페인을 위한 전단지 배포를 하는 이야기를 도입하여 야생동물 보호재단에 기부할 기금을 모으기 위해 보다 쉽게 알아볼 수 있도록 하는 도구로써 막대그래프를 접할 수 있도록 한다. 원그래프의 도입시에는 이사간 친구를 방문하기 위해 차로 이동하는 이야기를 제시하여 거리에 따라 연료가 줄어드는 연료 계량기의 변화를 자연스럽게 원그래프로 연결지을 수 있도록 하고 있다. 또한 등교시 학교 주변의 교통난과 심각한 공해에 대한 문제 제기로 학생

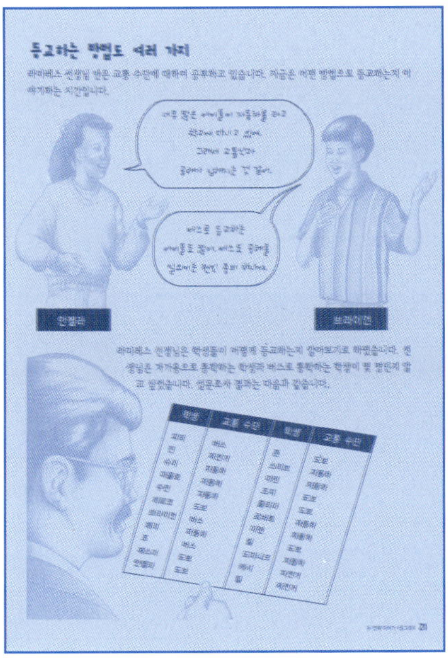

[그림 5-28] MiC 교재, p.21

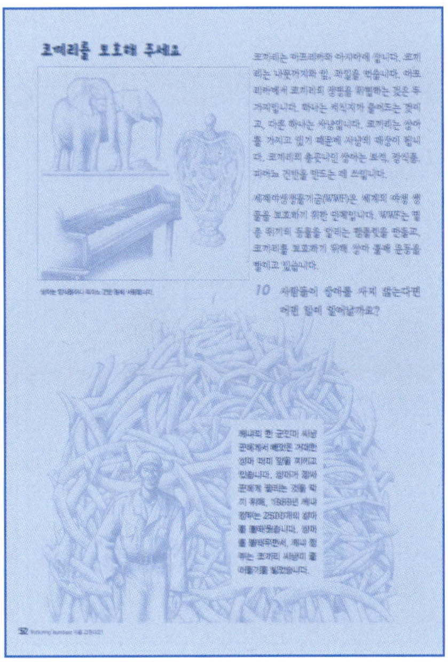

[그림 5-29] MiC 교재, p.52

들의 등교하는 방법에 대해 조사해보도록 하여 문제해결에 대한 충분한 동기를 제공해주고 있다. 선그래프의 도입은 온도와 날씨를 소재로 하여 15개 휴양지의 평균 기온을 비교하는 것으로 하고 있으며, 그림 그래프는 운동 동아리의 회원수를 비교하는 과정을 통해 도입하고 있어 아동의 현실 맥락 상황을 반영하고 있다.

우리나라 교과서에서도 다양한 비율그래프를 도입하기 위하여 학생들의 혈액형을 조사한 결과라든가 학생들의 한달 독서량, 우리 학급 학생들이 좋아하는 과일, 한 달 용돈의 쓰임 등을 활용하고 있어 아동이 쉽고 흥미롭게 접근할 수 있도록 하고 있다. 그러나 소재가 아동의 생활에 친숙한 것이라고 하여 아동에게 의미있는 현실 맥락 문제라고 할 수 없다. 즉, 아동이 주어진 문제에 대하여 스스로 해결보고자 하는 충분한 동기를 부여할 수 있어야 한다. 우리나라 교과서의 경우, 문제 해결을 왜 하는가 보다는 비율그래프의 표현과 이를 위해 요구되는 계산에 보다 중점을 두고 가르치도록 구성되어 있다. 반면 앞서 제시한 MiC 교재에서는 학생들이 처할 수 있는 상황이나 이야기들을 제공하여 문제를 해결해야 하는 당위성을 부여하고 이를 해결하기 위해 다양한 활동을 한다는 점에서 우리나라 교과서와 차이가 있음을 알 수 있다. 아래 제시된 그림은 학생들이 즐겨보는 TV 프로그램을 조사하는 같은 소재를 두고 각각 어떻게 접근하고 있는지를 제시하고 있다. MiC 교재의 경우, 방송위원회의 조사 자료를 제시하고 아동이 조사한 설문조사 결과를 비교하도록 하고 있다. 반면, 우리나라 교과서의 경우 주어진 원그래프를 보고 가장 많은 비중을 차지하는 것과 셋째 번으로 즐겨보는 프로그램에 대해 읽어보는 것에 그치고 있음을 확인할 수 있다.

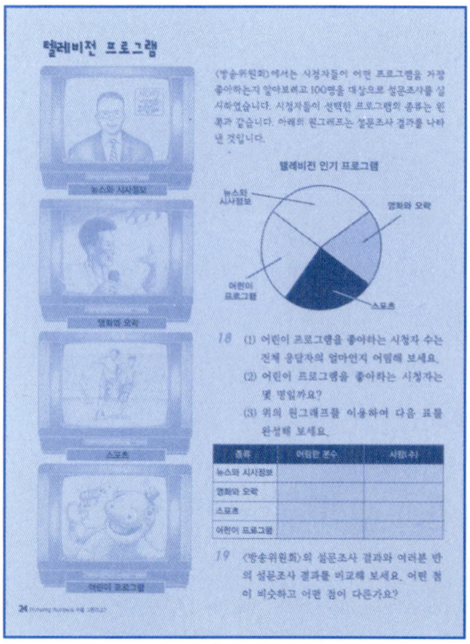

종류	어림한 분수	사람(수)
뉴스와 시사정보		
영화와 오락		
스포츠		
어린이 프로그램		

[그림 5-30] MiC 교재, p.24

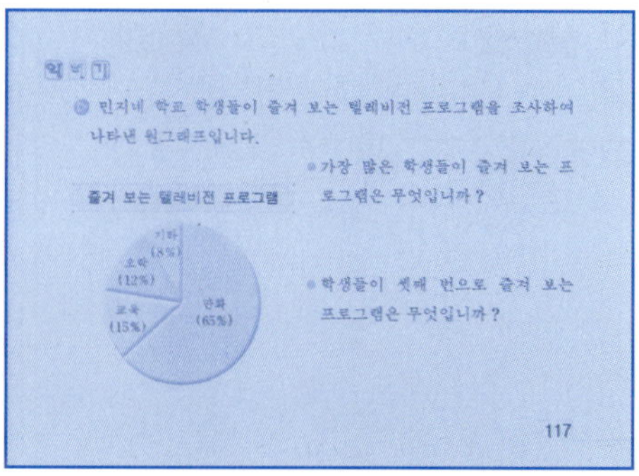

[그림 5-31] 6-가, p.117

(2) 모델의 형성과 적용

통계 영역에 해당되는 '수를 그린다고?' 단원은 총 5개의 이야기로 구성되어 있는데 마지막 다섯 번째 이야기에서는 앞에서 배운 막대그래프, 원그래프, 선그래프, 그림그래프 등을 총 망라하여 문제를 해결할 수 있도록 하고 있다. 이때 활용된 현실맥락 소재는 아프리카의 코끼리 수가 감소하고 있는 상황과 각 나라별 통계 자료 등이다. 이와 관련하여 상아를 얻기 위해 무분별한 코끼리 사냥, 먹이의 감소, 환경의 변화 등 다양한 원인이 있음을 제시하고 세계야생생물기금에서 멸종 위기의 동물을 알리는 팸플릿을 만드는 과정에서 필요한 여러 자료들을 읽고 다시 나름의 방법으로 재표현하도록 하고 있다. 예를 들어 코끼리 수의 변화를 나타내는 그래프를 그리는 방법을 한가지로 제시하여 그대로 따라하도록 하기 보다는 배운 내용을 바탕으로 여러 방법으로 표현해보게 함으로써 아동이 스스로 모델을 형성하도록 유도하며 다른 어린이들이 그린 그래프를 비교해보도록 하였다. 또한 아프리카의 코끼리 수를 나타낸 그래프를 보고 코끼리가 증가하거나 줄어든 나라는 어디인지, 왜 이런 변화가 생겼을지, 그래프에 나타나지 않은 현재 코끼리 수는 어떠할지 추론하도록 한다.

한편, 생각문제에서는 이러한 활동을 통해 형성한 모델을 심화·적용하도록 하고 있다. 구체적 사례로 세계 야생생물 기금의 멸종 위기 동물 보호 입장과는 상반된 입장을 지닌 아프리카 나라들을 소개하고, 코끼리의 상아가 그들의 주요 수입원임을 제시하여 이에 대한 자신의 생각은 어떠한지 판단하도록 그 주장을 뒷받침하기 위한 자료와 그래프를 그려보도록 하는 과제를 제시하고 있다. 아동들은 이러한 활동을 통해 그래프의 의미, 특성 등을 다각도로 사고해보고 문제해결을 위해 실행해볼 수 있는 기회를 갖게 된다.

우리나라 교과서에서는 주어진 자료를 활용하여 원그래프, 띠그래프 등을 그리도록 할 때 주어진 절차에 따라 그리도록 안내되어 있으며, 자료의 해석과 활용보다는 정확한 계산으로 바르게 그래프를 그리는 활동에 초점을 두고 있다. 한편 '과제를 하여 봅시다.'라는 활동에서 6학년 학생들을 대상으로 한 가지 주제를 정하여 조사 활동을 하도록 함으로써 아동 스스로 문제를 해결할 수 있는 기회를 제공하고자 하였으나, 원그래프로 나타내도록 지시하고 있으며 원그래프의 기본틀을 제공하고 있어 문제해결방법을 탐구할 수 없도록 되어 있다. 따라서 정해진 방법이 제시되고 그에 따라 수행하는 일련의 과정으로 이루어져 있는 우리나라 교과서로는 학습자 스스로 모델을 형성하고 적용하는 경험을 하는데 한계가 있다.

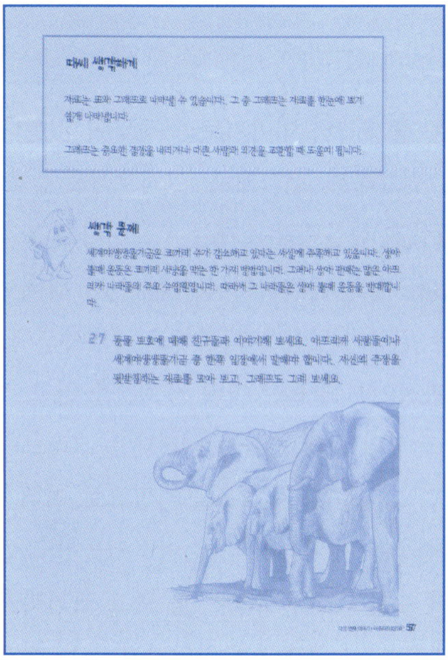

[그림 5-32] MiC 교재, p.57

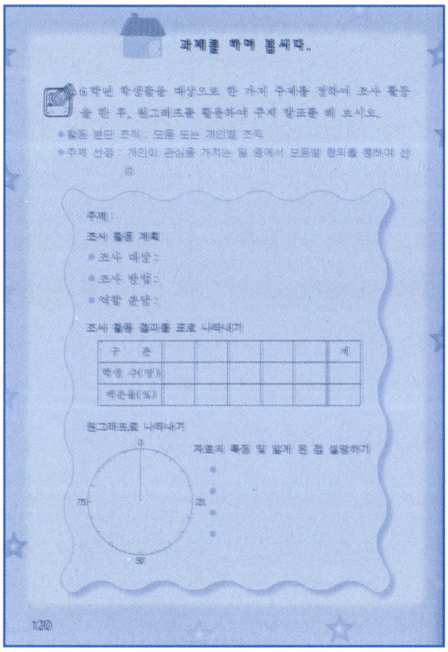

[그림 5-33] 6-가, p.120

(3) 수학적 사고 및 의사소통

MiC 교재에서는 해결과정에서 예상되는 어려움 생각해보기, 주어진 자료를 보고 다음의 변화 또는 이유를 추론하거나 원자료를 가역적 사고를 통해 추정해보는 활동 등이 포함되어 있으며 그러한 발문으로 문제를 제시한다. 예를 들어, 두 어린이가 그린 그림 그래프를 비교해 보고 어떤 그래프가 줄어든 코끼리의 수를 더 확실하게 보여줄 수 있을지, 왜 그렇게 생각하는지 써보고 서로 의견을 공유해보도록 한다. 또한 축제를 위해 초청하고 싶은 음악 그룹에 대한 초청 비용과 학생들의 선호도를 조사한 자료들을 제시하고 아동에게 어떤 그룹을 선택하면 좋을지, 결정을 내리기 전에 고려해야할 사항은 무엇인지 고민해보도록 한다. 그 밖에 그래프를 제시하고 이를 설명하는 짧은 신문 기사를 적게 한다거나, 앞서 제시한 바와 같이 상반된 주장(아프리카 사람들과 세계 야생생물 기금의 입장)에 대한 자신의 의견을 근거를 들어 발표하는 활동들도 포함되어 있다. 이를 통해 습득한 여러 수학적 지식과 개념을 적용하고 그 과정을 반추함으로써 지식의 내면화뿐 아니라 타인과의 수학적 의사소통을 가능하게 한다.

우리나라 교과서 또한 그래프를 읽고 해석하는 활동이 포함되어 있으며, 특히 '실생활에 적용하여 봅시다' 활동에서 그래프의 변화를 추론하도록 하고 있다. 그러나 다음 그림과 같이 원그래프를 보고 상준이의 하룻동안의 생활을 말해보게 하는 등 주로 그래프의 값을 바르게 읽어내는 능력에 초점을 두고 있으며, 그래프의 변화를 단순히 설명하도록 하는데 그치고 있다. 또한 MiC

교재와 비교해볼 때 그래프의 변화를 추론하는 현실 맥락이 아동의 실생활과 다소 동떨어져 있으며, 그 과제의 깊이가 다각도의 수학적 사고를 요하는 것이라고 하기에는 무리가 있다.

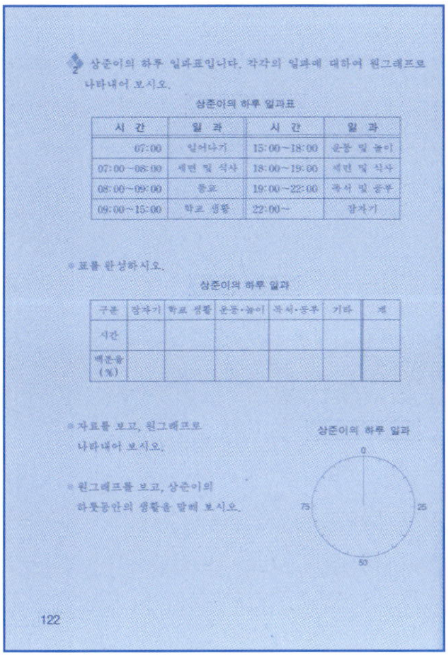

[그림 5-34] 6-가, p.122

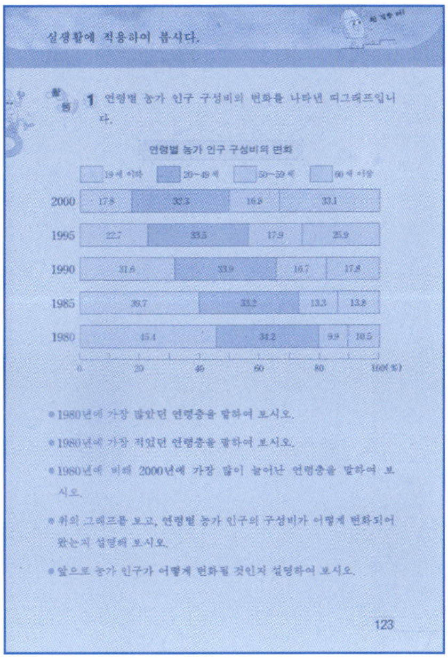

[그림 5-35] 6-가, p.123

05 MiC 교재와 우리나라 교과서 수학적 모델링 적용 사례 비교 : 규칙성과 문제해결 영역

MiC 교재와 우리나라 교과서의 규칙성과 문제해결 영역에서 비교될 단원은 MiC 교재의 비와 비율(Ratio and Rate)와 우리나라 교과서 6-가 6. 비와 비율 단원이다.

(1) 실세계 맥락의 상황 제시

두 수의 비에 대하여 학습하는데 있어서 MiC 교재는 4개 지역의 과속 차량 및 과속하지 않은 차량 수에 대한 자료를 제시한 후 신호등과 정지표지판이 가장 필요한 한 곳을 선정하는 보고서를 작성하도록 함으로써 두 수의 비에 대한 학습을 시작하고 있다. 이는 실생활 맥락의 상황을 학습 소재로 활용함으로써 학생들로 하여금 생활 속에서 수학적 개념 및 원리를 찾고 실세계와 수학적 세계를 자연스럽게 연계시킬 수 있도록 한 것이라 볼 수 있다. 반면, 우리나라 두 수의 비의 학습을 위해 교과서에 제시된 상황은 실생활과 다소 동떨어진 인위적인 상황으로 앞서 MiC 교재에 제시된 문제 상황에 비하여 현실 맥락과 수학적 맥락이 자연스럽게 연계되지 않는 것임을 알 수 있다.

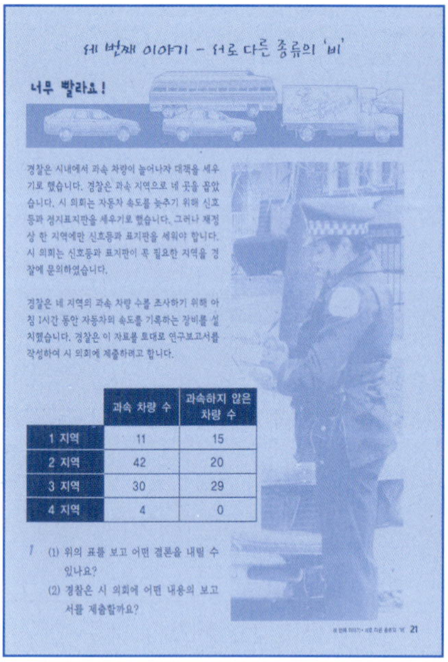

세 번째 이야기 - 서로 다른 종류의 '비'

너무 빨라요!

경찰은 시내에서 과속 차량이 늘어나자 대책을 세우기로 했습니다. 경찰은 과속 지역으로 네 곳을 꼽았습니다. 시 의회는 자동차 속도를 늦추기 위해 신호등과 정지표지판을 세우기로 했습니다. 그러나 재정상 한 지역에만 신호등과 표지판을 세워야 합니다. 시 의회는 신호등과 표지판이 꼭 필요한 지역을 경찰에 문의하였습니다.

경찰은 네 지역의 과속 차량 수를 조사하기 위해 아침 1시간 동안 자동차의 속도를 기록하는 장비를 설치했습니다. 경찰은 이 자료를 토대로 연구보고서를 작성하여 시 의회에 제출하려고 합니다.

	과속 차량 수	과속하지 않은 차량 수
1 지역	11	15
2 지역	42	20
3 지역	30	29
4 지역	4	0

1 (1) 위의 표를 보고 어떤 결론을 내릴 수 있나요?
(2) 경찰은 시 의회에 어떤 내용의 보고서를 제출할까요?

21

[그림 5-36] MiC교재, p.21

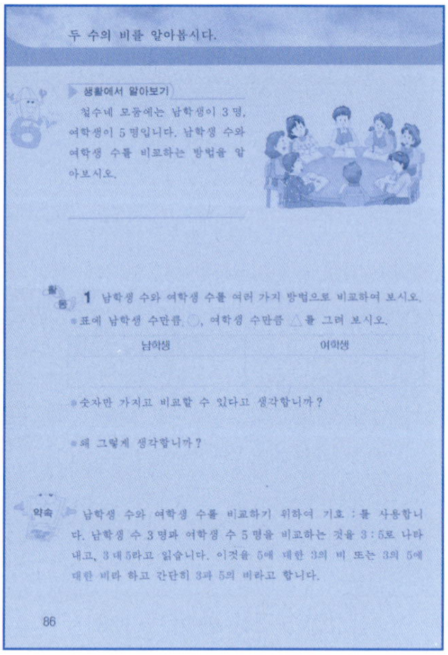

두 수의 비를 알아봅시다.

생활에서 알아보기

철수네 모둠에는 남학생이 3 명, 여학생이 5 명입니다. 남학생 수와 여학생 수를 비교하는 방법을 알아보시오.

활동 1 남학생 수와 여학생 수를 여러 가지 방법으로 비교하여 보시오.

* 표에 남학생 수만큼 ○, 여학생 수만큼 △를 그려 보시오.

남학생	여학생

* 숫자만 가지고 비교할 수 있다고 생각합니까?

* 왜 그렇게 생각합니까?

약속 남학생 수와 여학생 수를 비교하기 위하여 기호 :를 사용합니다. 남학생 수 3 명과 여학생 수 5 명을 비교하는 것을 3 : 5로 나타내고, 3 대 5라고 읽습니다. 이것을 5에 대한 3의 비 또는 3의 5에 대한 비라 하고 간단히 3과 5의 비라고 합니다.

86

[그림 5-37] 6-가, p.86

(2) 모델의 형성과 적용

다음에 제시된 MiC 교재의 왼쪽 사례 [그림 5-38]을 보면, 세계의 몇몇 도시의 인구 및 전화기 보유 관련 정보를 제시하고 학생들로 하여금 여러 가지 방법으로 문제를 풀고 자신이 사용한 방법을 적용하고 확장시켜 그 다음 문제를 해결할 수 있도록 하고 있으며, 오른쪽 사례 [그림 5-39]의 경우 학생들로 하여금 다양한 방법을 시도하여 롤러코스터의 선로 설치에 필요한 비용을 계산해보도록 하고 있다. 이들 사례는 학생들로 하여금 문제해결을 위한 방법 및 모델을 스스로 모색하도록 하고, 이렇게 형성된 모델을 일반화하여 관련된 다른 상황에 활용하도록 하는 기회를 제공하고 있다. 하지만 우리나라 교과서의 경우 MiC 교재에서와 같이 학생들 스스로가 문제를 해결하기 위해 다양한 방법을 시도하고 적절한 모델을 찾아 이것을 일반화시키도록 하는 비구조적이고 포괄적인 문제 상황은 제공되지 않고 있다.

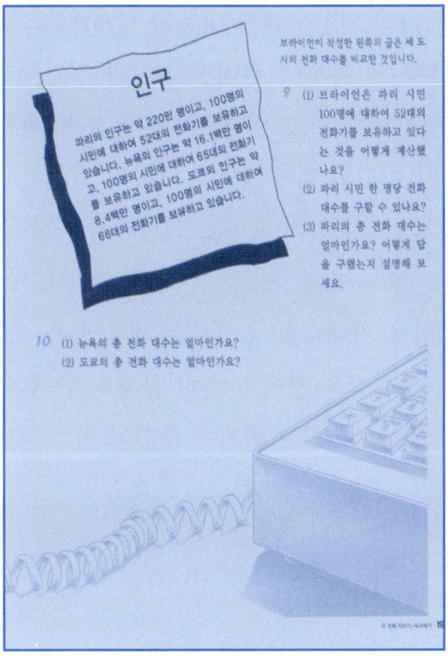
브라이언이 작성한 왼쪽의 글은 세 도시의 전화 대수를 비교한 것입니다.

9 (1) 브라이언은 파리 시민 100명에 대하여 52대의 전화기를 보유하고 있다는 것을 어떻게 계산했나요?
(2) 파리 시민 한 명당 전화 대수를 구할 수 있나요?
(3) 파리의 총 전화 대수는 얼마인가요? 어떻게 답을 구했는지 설명해 보세요.

10 (1) 뉴욕의 총 전화 대수는 얼마인가요?
(2) 도쿄의 총 전화 대수는 얼마인가요?

[그림 5-38] MiC 교재, p.19

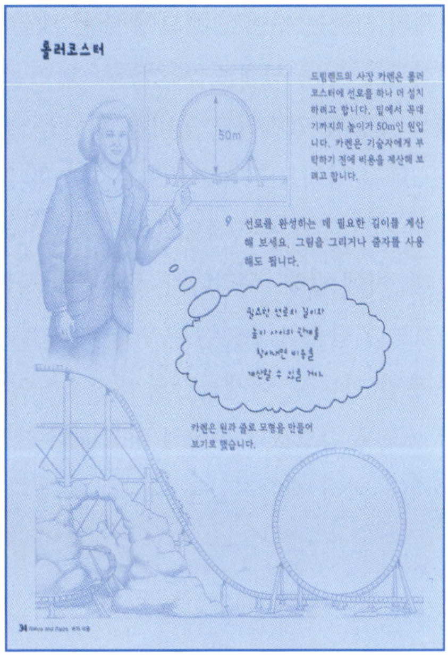
롤러코스터

드림랜드의 사장 카렌은 롤러코스터에 선로를 하나 더 설치하려고 합니다. 밑에서 꼭대기까지의 높이가 50m인 원입니다. 카렌은 기술자에게 부탁하기 전에 비용을 계산해 보려고 합니다.

9 선로를 완성하는 데 필요한 길이를 계산해 보세요. 그림을 그리거나 줄자를 사용해도 됩니다.

카렌은 원과 줄로 모형을 만들어 보기로 했습니다.

[그림 5-39] MiC 교재, p.34

(3) 수학적 사고 및 의사소통

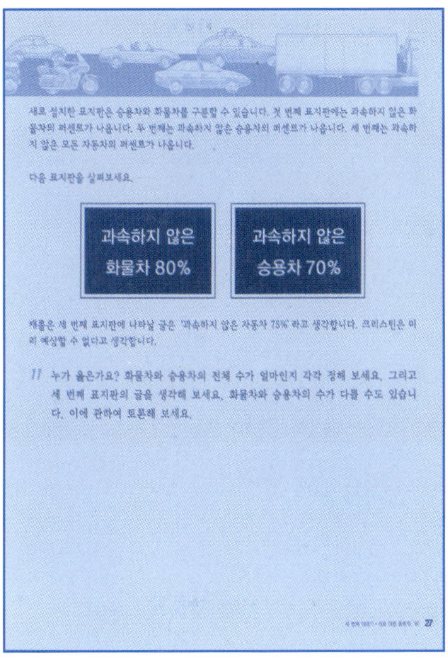
새로 설치한 표지판은 승용차와 화물차를 구분할 수 있습니다. 첫 번째 표지판에는 과속하지 않은 화물차의 퍼센트가 나옵니다. 두 번째는 과속하지 않은 승용차의 퍼센트가 나옵니다. 세 번째는 과속하지 않은 모든 자동차의 퍼센트가 나옵니다.

다음 표지판을 살펴보세요.

캐롤은 세 번째 표지판에 나타날 글은 '과속하지 않은 자동차 75%'라고 생각합니다. 크리스틴은 미리 예상할 수 없다고 생각합니다.

11 누가 옳은가요? 화물차와 승용차의 전체 수가 얼마인지 각각 정해 보세요. 그리고 세 번째 표지판의 글을 생각해 보세요. 화물차와 승용차의 수가 다를 수도 있습니다. 이에 관하여 토론해 보세요.

[그림 5-40] MiC 교재, p.27

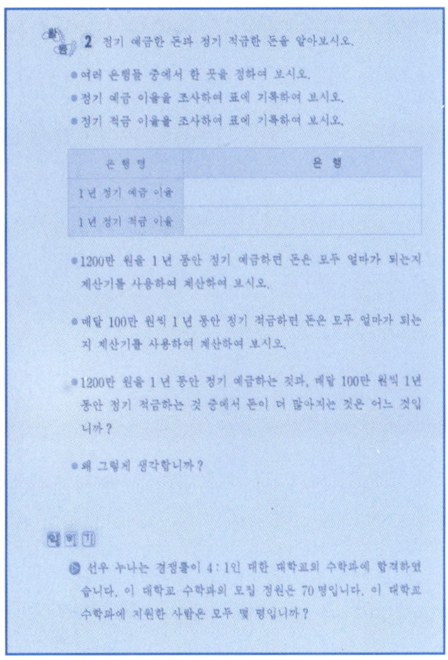
2 정기 예금한 돈과 정기 적금한 돈을 알아보시오.

- 여러 은행들 중에서 한 곳을 정하여 보시오.
- 정기 예금 이율을 조사하여 표에 기록하여 보시오.
- 정기 적금 이율을 조사하여 표에 기록하여 보시오.

은 행 명	은 행
1년 정기 예금 이율	
1년 정기 적금 이율	

- 1200만 원을 1년 동안 정기 예금하면 돈은 모두 얼마가 되는지 계산기를 사용하여 계산하여 보시오.
- 매달 100만 원씩 1년 동안 정기 적금하면 돈은 모두 얼마가 되는지 계산기를 사용하여 계산하여 보시오.
- 1200만 원을 1년 동안 정기 예금하는 것과, 매달 100만 원씩 1년 동안 정기 적금하는 것 중에서 돈이 더 많아지는 것은 어느 것입니까?
- 왜 그렇게 생각합니까?

익히기

선우 누나는 경쟁률이 4 : 1인 대한 대학교의 수학과에 합격하였습니다. 이 대학교 수학과의 모집 정원은 70 명입니다. 이 대학교 수학과에 지원한 사람은 모두 몇 명입니까?

[그림 5-41] 6-가, p.98

MiC 교재의 사례는 주어진 정보에 대한 캐롤과 크리스틴의 해석 내용을 제시하고, 누가 옳은지를 판단하도록 하는 사례로, 학생들로 하여금 토론을 통하여 주어진 상황과 정보, 그리고 두 사람의 해석 내용을 검토하고 올바른 판단을 결정하도록 하고 있다. 이는 문제의 해결을 위해 학습자 스스로 수학적으로 사고하도록 유도할 뿐만 아니라 학생들끼리 사신의 의견을 표현하고 검토하고 공유함으로써 수학적으로 의사소통하고 상호작용하여 올바른 의사결정을 할 수 있도록 이끌고 있다. 이에 반해, 우리나라 교과서의 사례는 학습자가 스스로 수학적으로 사고하여 문제를 해결하기보다 단순히 주어진 하위 단계의 문제들을 차례대로 풀면서 문제 상황을 해결하도록 하고 있을 뿐만 아니라, 학생들간의 의사소통이나 상호작용 없이 단순히 문제의 답에 대한 자신의 생각만 쓰도록 함으로써 수학적 사고나 수학적 의사소통의 기회제공 측면에 있어서 앞선 MiC 교재의 사례에 비해 제한적임을 나타내고 있다.

PART II

Mathematical Modeling

수학적 모델링의 프로그램 설계

MEMO

제6장 수학적 모델링에 관한 교사의 요구 분석[8)]

01 관련 선행 연구

국내 연구를 우선 살펴보면 중학생 이상을 대상으로 한 연구들이 대부분이다. 먼저 중학생 대상 연구의 예를 살펴보면 조원주(2002)는 수학적 모델링에 관련하여 중학교 교사 47명을 대상으로 한 설문 자료를 분석한 결과 대상자들의 반 이상(57.4%)이 수학적 모델링의 개념과 도입의 필요성을 알고 있었고, 대부분(97.9%)이 학교 수학에서 수학적 모델링을 활용할 가치가 있다고 보고하였다. 그러나 현재 학교 수학에서의 활용 가능성에 대해서는 긍정적 반응(47.8%)과 부정적 반응(52.2%)으로 양분되는 추세를 보였다. 부정적 반응의 원인으로는 과다한 학습량과 교사들의 경험과 학교의 수학용 기자재 부족, 그리고 구체적인 수업교재와 구체적인 평가기준안의 미비가 거론되었다. 또한 신은주와 이종희(2004a)는 모델링 과정의 활동을 세 가지 활동–지각적 활동, 인지적 활동, 메타인지적 활동–으로 구분하여 이 활동들의 상호작용으로 모델을 개발하는 과정을 중학교 학생들을 대상으로 사례연구방법으로 조사하고, 모델링활동은 물리적 세계에서의 지각적인 활동과 추상적인 수학 활동을 연결함으로써 추상적인 수학 지식을 학생들이 이해하기 쉽게 지도할 수 있는 방법이라고 제언하였다.

고등학생 대상 연구사례를 살펴보면 성호금(2000)은 고등학교에서 수학적 모델링 지도의 효과를 분석하는 데 있어서 함수단원(함수, 지수·로그 함수, 삼각함수)을 중심으로 연구하면서 설문지를 통해 학생들의 수학적 모델링 수업에 대한 의견 조사를 실시하였다. 그 결과 학생들은 '경제적인 휴대폰 요금체계'와 같이 현실과 직접적으로 관련되는 모델링 과제에 관심이 가장 많았으며, '인구수 예측'과 같이 주어진 자료를 이용하여 미래를 예측해보는 문제에도 관심이 많은 것으로 나타났다. 한편, 이기열과 이병수(1999)는 사회적 구성주의 관점에서 고등학교 수준에서의 수학적 모델링 자료를 개발, 적용, 활용함으로써 학교수학과 실생활문제를 관련시켜 학생들

---

8) 김민경, 민선희, 강선미(2009)의 내용이 일부 요약 기술됨.

스스로 관찰, 해석, 사고, 분석하여 구조화하는 고차원적인 인지능력의 형성과 문제해결력을 배양할 수 있는 학습방법을 고찰하였다. 또한 교육과정에 수학적 모델링을 적용하기 위한 방안으로써 신현성(2001)은 다음과 같이 단계적으로 모델링 문제를 활용할 것을 제언하였다. 즉 가급적 문제의 정의가 쉽지 않고 이를 위해 어떻게 접근해야하는지 명확하지 않은 실제 생활에서 어떻게 모델링을 하는가에 따라 문제의 정의가 약간 변경될 수 있는 형태를 사용할 것을 제시하였다.

한편 국외 연구들을 살펴보면 중·고등학생뿐만 아니라, 초등학생을 대상으로 한 연구들도 다수 보고되었다. English(2006)는 초등학교 6학년을 대상으로 한 연구에서 수학적 모델링은 유용한 시스템이나 모델의 생성을 끌어내는 의미있는 맥락을 명백하게 사용한다고 제시하였다. 또한 모델링 절차는 아이들이 묘사, 설명, 또는 주어진 체계의 습성을 예측하기 위해 모델을 개발할 필요를 직면하게 되는 끌어내기 단계에서 시작된다고 언급하였다. 전통적 문제 해결과 대조적으로 수학적 모델링은 학생들이 그들 자신의 수학적 아이디어와 절차를 만들고 발전시키기를 요구하고, 관련 학급체계안에서 일반화할 수 있고 재사용될 수 있다고 보고하였다. 그 외 초등학교 3학년을 대상으로 한 연구(English & Watters, 2005b)를 통해 모델은 상황을 구성, 해석, 수학적으로 묘사하는데 사용되어지는 개념을 형성하는 틀 또는 체계라고 정의하면서 수학적 모델링에 참여함으로써 학생들은 복잡한 현상에 대한 수학적 구조의 기반을 인정할 수 있다고 제시하였다. 또한 초등학교 4학년을 대상으로 하여 올림픽을 주제로 한 연구(English & Watters, 2005c)에서는 학생들이 문제 상황을 다루기 위해 모델링 문제와 산출물들을 통해 구조화된 수학적 아이디어들과 절차들을 통합할 수 있도록 하였다. 이러한 수학적 모델링 문제들은 초등학생에게 의미 있는 수학적 아이디어를 개발할 수 있는 기회와 수학적 모델링을 통한 절차를 제공하였다.

이 외에 Petrosino, Leher와 Shauble(2003)은 초등학교 4학년을 대상으로 하는 연구에서 교실상황에서 적절한 도구를 사용하도록 계획하고 유도하는 것과 학생들이 그것을 이용해 생각을 하는 방식을 연구하였다. 더 나아가 Lesh와 Leher(2003)는 모델과 모델링의 관점에서 교사들이 수학을 가르치는 데 있어서 자신들의 행동을 관찰하고 반성적 고찰을 행하기를 강조하면서 모델 유도(Model-eliciting) 활동으로써 중등 수학의 사례(종이비행기 문제)를 소개한 바 있다.

이렇듯 국내의 연구가 중등이상의 교육과정에서의 수학적 모델링에 대한 인식과 활용방안에 대해 연구가 되고 있는 반면에 국외에서는 초등학생들을 대상으로 하는 연구 또한 활발히 진행되고 있는 실정이다. 이것은 English와 Watters(2005a)가 수학적 모델링 근간은 모델링을 개발할 수 있는 기초능력을 가지는 초등에서 시작할 수 있고 해야 한다고 주장하는 것과 같이 수학을 학생들이 살아가는 데 필요한 기초능력으로 인식하고 초등단계부터 수학적 모델링을 시작하려는 노력에서 기인한 것이라 할 수 있다. 그렇기 때문에 수학적 모델링에 대하여 국내에서도 초등단계의 연구를 통해 수학을 세상을 이해하는 도구로써 인식하고 모델링을 통해 실세계의 문제를 해결하는 힘을 기르는 기초능력을 신장시키기 위한 한 방안으로써 연구할 가치가 있다고 보여진다.

02 초등교사의 요구 분석 결과

(1) 연구대상

본 연구에서는 서울지역을 대상으로 하는 초등교사들의 수학적 모델링에 대한 인식조사를 하기 위해 서울지역 11개 교육청을 대상으로 하여 각 교육청별로 2개 학교씩 임의표집하여 설문조사를 실시하였다. 현직 초등교사를 대상으로 하여 22개교, 총 650부를 배포하였고 그 중 582부가 회수되어 회수율은 89.53%이었다.

〈표 6-1〉 교사 배경변인별 분포

	항목	빈도수(명)	비율(%)		항목	빈도수(명)	비율(%)
성별	남	59	10.1	담당 학년	1학년	58	10.0
	교직 경력	523	89.9		2학년	61	10.5
	계	582	100		3학년	79	13.6
교직 경력	0~5년	135	23.2		4학년	89	15.3
	6~10년	124	21.3		5학년	91	15.6
	11~15년	92	15.8		6학년	112	19.2
	16~20년	45	7.7		교과	73	12.5
	21년 이상	183	31.4		특수	5	0.9
	무응답	3	0.5		무응답	14	2.4
	계	582	100		계	582	100

(2) 교사 면담

면담 대상자는 대학원 박사과정 재학중이며 최소 5년 이상 교육경험이 있는, 초등수학교육과 관련된 강의에서 수학적 모델링에 대한 사례연구에 참여한 경험이 있는 초등교사 3명이며 그 인적 특성은 〈표 6-2〉와 같다.

〈표 6-2〉 면담 대상자의 인적 특성

면담자	교직경력	재직중인 학교유형	직위	관심분야
A 교사	7년	공립초등학교	교사	수학, 영어
B 교사	13년	공립초등학교	교사	수학, 영어, 교육연극
C 교사	9년	공립초등학교	교사	수학, 음악, 미술

(3) 연구도구

가 설문조사

선행연구(문선미, 박종서, 2000; 성호금, 2000; 조원주, 2002)를 참조하여 본 연구자의 연구 방향에 따라 수정보완하여 하위문항을 포함한 총 24개 문항이 있는 설문지가 개발되었다. 질문의 유형은 대부분 선다형 질문으로, 영역 특성에 따라 일부 문항 및 기타 응답이 있는 문항의 경우, 개방형으로 서술하도록 하였다. 흥미도와 기대효과 등과 같은 질문의 경우는 '전혀 그렇지 않다(1점), 그렇지 않다(2점), 보통이다(3점), 그렇다(4점), 매우 그렇다(5점)' 등의 5단계 Likert 척도에 따라 응답하도록 하였다. 전체문항에 대한 신뢰도는 .772(Cronbach-α 계수)로 나타났다.

배경변인에 따라 수학수업과 수학적 모델링에 대한 인식, 수학적 모델링의 활용에 대한 인식을 살펴보기 위해 교차분석(카이검정)을 통해 처리하였다. 타당도는 대학원 석·박사과정에서 초등수학을 전공하는 현직교사 3인과 교수 1인에게 내용 타당도를 검증받았다.

〈표 6-3〉 설문조사 문항내역

영역구분	세부내용	문항번호	신뢰도
인적 배경	학교명, 성별, 교직경력, 담당학년, 선호하는 교과목명	1~5	.733
수학수업에 대한 인식	수학에 대한 흥미도, 수업의 강조점, 지도방법, 새로운 교육에 대한 관심도	A1~A5	.791
수학적 모델링에 대한 인식	수학적 모델링의 개념 이해, 사전 교육유무, 관련 자료 유무, 수업활용 유무, 필요성, 도입의향	B1~B6	.749
수학적 모델링의 활용에 대한 인식	수학적 모델링 도입시 기대효과, 수업의 활용형태, 수업도입에 따른 어려움	C1~C5	.783

(나) 교사 면담

면담방식은 수학적 모델링 및 초등수학 관련 문헌과 연구자의 교직 경험을 바탕으로 구체적인 질문항목을 구성하여 사전에 이메일을 통해 기본 질문내용을 면담 대상자들에게 전달하였다. 실제 면담을 진행할 때는 질문항목을 기본으로 진행하되 계획된 면담 항목을 연구자가 머릿속에 숙지한 내용에 국한시키는 것이 아니라 자연스럽게 면담 대상자들의 경험과 의견을 듣도록 하였다. 면담시간은 각 교사당 평균 1시간 정도 소요되었고 면담과정에서 면담 대상자들의 동의를 구하여 면담내용을 녹음하였다. 다음 〈표 6-4〉는 본 연구에서 사용한 교사면담의 질문들로써 인적배경, 수학수업에 대한 인식, 수학적 모델링에 대한 인식 등으로 구성하였다.

자료 분석을 위해 심층면담을 통해 녹음된 자료를 전사하였고, 각 자료를 반복해서 정독하면서 주제별로 범주화하고 영역과 주 내용을 기록한 다음 영역들 간의 비슷한 점과 다른 점, 하위 항목들간의 포함관계를 분석하였다. 이때 미리 개발된 코딩 목록에 따라 자료들을 코딩하는 것이 아닌 분석적 귀납방법을 통해 분석하는 개방적 코딩방법을 사용하였다. 자료 분석과 해석의 타당도를 높이기 위해 초등교육 전문가와 동료연구자와 함께 검토하는 과정을 거쳤다.

〈표 6-4〉 교사면담의 질문유형

질문유형	질문예시
인적 배경	• 선생님의 교육경력 및 담임학년 등은 어떻게 되십니까? • 선생님의 관심분야는 무엇이십니까?
수학수업에 대한 인식	• 수학수업에서 강조하시는 내용은 무엇이십니까? • 수학수업을 실시하실 때 학생들이 어려워하는 부분은 어떤 것이며, 그럴 때는 어떻게 지도하십니까? • 초등학교 수학 수업에 있어서 어떤 부분이 보완되었으면 좋겠다고 생각하십니까?
수학적 모델링에 대한 인식	• 수학적 모델링에 대한 교육을 받은 경험이 있으십니까? • 본인이 생각하시기에 수학적 모델링이란 무엇이라고 생각하십니까? • 수학적 모델링을 초등학교에 적용하기 위해서는 어떻게 지원이 필요하다고 생각하십니까?

(4) 초등교사의 수학에 대한 인식 정도

(가) 수학에 대한 흥미 정도

초등교사가 수학에 대해 느끼는 흥미 정도를 살펴본 결과 '그렇다' 55.9%, '매우 그렇다' 22.2%로, 흥미가 있다고 느끼는 정도가 보통 이상이 95.7%를 차지하여 수학교과에 대한 초등교사의 흥미가 높음을 알 수 있다.

〈표 6-5〉 교사 배경변인별 분포

수학흥미성	응답수(명)	비율(%)
전혀 그렇지 않다(1점)	7	1.2
그렇지 않다(2점)	17	2.9
보통이다(3점)	102	17.6
그렇다(4점)	325	55.9
매우 그렇다(5점)	130	22.2
무응답	1	0.2
합계	582	100
평균	3.94	
표준편차	0.806	

나 수학교수 강조점 실태

초등교사들이 수학 수업 지도에서 강조점을 어디에 두는지 다중응답한 결과를 살펴보면 응답한 초등교사들의 절반 이상이 수학적 개념과 원리에 중점을 두고 가르치고 있다는 점을 알 수 있다.

〈표 6-6〉 수학교수 강조점

지도시 강조점	응답수(명)	비율(%)
수학개념과 원리	505	55.2
문제해결방법	238	26.0
긍정적 태도	127	13.9
연산능력	42	4.6
무응답	3	0.3
합계	915	100

(5) 초등교사의 배경요인에 따른 수학적 모델링에 대한 사전경험 정도

가 교사의 배경요인에 따른 수학적 모델링 개념 친숙도

초등교사의 배경요인(성별, 경력)에 따른 수학적 모델링 개념 친숙도에 대한 인식(〈표 6-7〉 참조)을 살펴보면, 초등교사들의 성별에 따른 인식의 차이는 나타나지 않은 것(p〉0.05)으로 보고되었으나 경력에 따라서는 인식의 차이에는 유의미한 결과가 나타났다(x^2=28.845, p<0.05). 들은 적 없다(33.4%)라고 응답한 교사들 중 16~20년 이상의 교사들이 48.9%를, 11~15년의 교사들은 41.3%를 차지하고 있는 것처럼 경력이 높을수록 수학적 모델링의 개념에 대해 '들어본 적이 없다'고 보고하고 있다. 반면에 경력이 0~5년의 교사들의 경우 실제로 수학적 모델링에 대해 그냥 들어본 적 있고(45.5%), 내용은 모르나 많이 들어봤으며(17.9%), 관심이 있어 공부한 적이 있다(7.1%)고 응답하였다. 경력이 낮은 현직 초등교사들의 응답은 70.5%로 수학적 모델링 개념을 들어보았으나, 이를 구체적으로 충분히 이해하지는 못하는 것으로 나타났다.

〈표 6-7〉 교사의 배경요인에 따른 수학적 모델링 개념 친숙도

구분		수학적 모델링 개념								x^2	p
		관심이 있어 공부한 적이 있다		내용은 모르나 많이 들어봤다		그냥 들어본 적 있다		들은 적 없다			
		N	%	N	%	N	%	N	%		
성별	남	5	8.5	12	20.3	20	33.9	22	37.3	1.021	.796
	여	36	6.9	106	20.3	209	40.0	171	32.8		
합계		41	7.1	118	20.3	229	39.4	194	33.2		
경력	0~5년	17	12.7	24	17.9	61	45.5	32	23.9	28.845	.004**
	6~10년	7	5.6	19	15.3	53	42.7	45	36.3		
	11~15년	2	2.2	18	19.6	34	37.0	38	41.3		
	16~20년	1	2.2	7	15.6	15	33.3	22	48.9		
	21년 이상	14	7.7	48	26.2	65	35.5	56	30.8		
합계		41	7.1	118	20.3	229	39.4	194	33.2		

나 교사의 배경요인에 따른 수학적 모델링 사전 경험이 없는 이유

교사의 성별에 따른 수학적 모델링 강의를 못 들은 이유를 분석한 결과 유의미하지 않은 것으로 나타났다($p>0.05$). 하지만 교사의 경력과 관련하여 수학적 모델링 강의를 못 들은 이유를 분석한 결과 유의미한 차이가 있는 것으로 나타났다(x^2=20.808, $p<0.05$). 수학적 모델링에 대한 교육 및 연수를 받지 못한 이유에 대한 응답을 살펴보면, 교육의 기회가 없다는 응답이 64.7%로 나타나 교사연수를 통해 수학적 모델링에 대한 이해를 돕도록 할 필요가 있음을 나타내고 있다. 교육의 기회가 없다는 응답에서 경력 0~5년의 교사가 45.8%인데 반해서, 경력 11~15년의 교사가 75.6%, 경력 21년 이상의 교사가 71.3%가 응답하였다. 경력이 많은 교사에게 교육의 기회가 더 많이 주어져야 함을 다시 확인할 수 있다.

또한 교육과정에서 다루고 있지 않다는 응답 또한 11.1%로 나타나, 초등단계에서도 중등교육과정과 같이 수학적 모델링에 대해 도입하여 교사들로 하여금 적극적으로 수학적 모델링이 수학을 활용하기 위한 강력한 도구임을 인식하는 기회를 마련하는 것이 필요하다고 본다.

〈표 6-8〉 교사의 배경요인에 따른 수학적 모델링 사전경험이 없는 이유

구분		수학적 모델링 사전 경험 없는 이유												x^2	p
		교육과정에서 다루고 있지 않아서		교육의 기회가 없어서		수업에 도움 될 것 같지 않아서		나와 관계 없다는 생각에		기타		무응답			
		N	%	N	%	N	%	N	%	N	%	N	%		
성별	남	1	14.3	43	76.8	1	1.8	2	3.6	1	1.8	7	14.3	6.512	.260
	여	62	17.4	328	63.4	8	1.5	18	3.5	11	2.1	90	17.4		
합계		63	11.1	371	64.7	9	1.6	20	3.5	12	2.1	97	17.1		
경력	0~5년	20	15.3	60	45.8	1	0.8	5	3.8	2	1.5	43	32.8	20.808	.000**
	6~10년	12	9.8	82	66.7	2	1.6	2	1.6	4	3.3	21	17.1		
	11~15년	7	7.8	68	75.6	0	0	2	2.2	1	1.1	12	13.3		
	16~20년	5	11.1	30	66.7	2	4.4	2	4.4	2	4.4	4	8.9		
	21년 이상	19	10.5	129	71.3	4	2.2	9	5.0	3	1.7	17	9.4		
합계		63	11.1	371	64.7	9	1.6	20	3.5	12	2.1	97	17.0		

(6) 수학적 모델링 인식에 따른 수학적 모델링 활용 기대 정도

가 수학적 모델링 수업시 활용될 수 있는 유형

수학적 모델링이 수업에서 어떤 형태로 활용될 수 있을지에 대하여 조사한 결과 수학적 개념을 구체적으로 설명하는데 활용이 될 것이라는 응답이 26.7%로 가장 높은 비율을 차지했다.

〈표 6-9〉 수학적 모델링 수업 시 활용될 수 있는 유형

수업 시 활용될 수 있는 유형	응답수(3개까지 중복 응답허용)	비율(%)
수학적 개념 설명 시	427	26.7
흥미 유발 시	342	21.4
수학적 가치 인식 시	313	19.4
실생활문제 지도 시	302	19.2
통합단원 지도 시	127	7.9
수행평가 활용 시	34	3.5
단원지도 시	31	1.9
합계	1,576	100

나 도입 시 예상되는 어려움 유형

수학적 모델링 도입될 때 예상되는 어려움 유형에 대하여 다중응답을 통해 살펴본 결과 '교재부족'이라는 응답이 22.9%로 가장 높은 비율을 차지했다. 교사적인 측면에서는 특히 교재부족이라는 응답이 많아서 국가적으로 이에 대한 교재를 만들어 프로그램을 널리 사용할 수 있도록 환경을 조성하여 교사연수를 통해 이들의 지식을 충족할 수 있도록 해야 할 것이다. 교육환경측면에서는 시수에 대한 확보, 학생수 축소 등에 대한 노력이 필요하다.

〈표 6-10〉 수학적 모델링 도입시 예상되는 어려움

도입 시 예상되는 어려움	응답수	비율(%)
교재부족	360	22.9
부족한 시간	325	20.7
학생수 과다	286	18.2

도입 시 예상되는 어려움	응답수	비율(%)
교사연수 부족	266	16.9
교사지식 부족	222	14.1
교사양성프로그램 빈약	104	6.6
기타	8	0.5
합계	1571	100

(7) 교사면담에서 나타난 수학적 모델링에 대한 인식 정도

가 수학-어렵지만 잘 가르쳐야 하는 과목

면담에 참여한 교사 모두 수학이 계산위주의 과목이라고 인식되는 것에 안타까움을 느끼고 실제 생활과 동떨어진 수학이 아닌 생활과 연결된 수학이라는 사실을 학생들에게 인식시키기 위해 노력하고 있는 것으로 나타났다. 학생들에게 수학이 '쉽다' 또는 '재미있다', '아름답다'라는 인식 전환을 하도록 교구를 활용하거나 활동을 통해 수학을 지도하고 있었다.

> '수학은 아름답다'는 명제들을 첫 수업시간에 말해주면서, 아이들에게 수학은 재미있다는 생각을 심어주려고 의도하거든요. 그래서 그렇게 느끼게 하기위해 활동을 많이 하는 편이에요. 주로 저학년일 때는 교구를 많이 활용히고, 고학년일 때는 문제 만들기에 교육연극을 적용시켜 수업을 하죠(A 교사).

> 저학년에서 수학에 대한 흥미를 잃지 않는 거 만약 흥미를 잃은 아이가 있다면 다시 불러일으켜 주는 거 그렇게 하려면 수학이 쉽다는 인식을 갖게 해야 되거든요. 수학은 쉬운거다. 그것을 많이 강조하고(중략) 수학은 다른 것보다 성취감이에요. 애들이 그 희열을 알게 되면은 되는거 같아요. 그 희열을 하게 되면 공부를 스스로 하게 되는 거 같아요(B 교사).

수학학습에 있어서 학생들이 어려워하는 부분에 대한 질문에 대해 공통적으로 도형단원을 지적하였으며, 학생들이 단순한 계산식은 해결하지만 개념적인 이해가 필요한 부분에서는 어려움을 표현하고 있다고 지적하였다. 이러한 경향은 결국 학생들로 하여금 특정 단원내지는 수학을 포기하는 현상을 초래하는 원인으로 나타나는 것으로 추정된다.

아이들이 쉬워하는 것 같으면서도 개념 형성에서 많은 어려움을 겪는 것 같아요. 이를테면 삼각형과 사각형 같은 간단한 평면도형은 괜찮은데, 입체도형에서는 보이지 않는 쪽의 꼭짓점의 수, 변의 수 등을 틀린다던지, 즉 보이지 않는 부분에서도 추론을 통해 도형적 감각을 발휘하는 것에 어려워하죠(A 교사).

도형의 경우에는 정의가 중요하다고 생각해요. 애들이 성질과 정의를 잘 구분 못해요(B 교사).

(나) 수학적 모델링의 개념 이해

수학적 모델링에 대한 어떻게 정의내리고 있는지 질문에 대해서는 아직은 수학적 모델링에 대해서 확실하게 이해하고 있지 못하고 있다는 응답이 대부분이었다. 그렇지만 수학적 모델링에 대해 나름의 방법으로 해석한 바로 수학적 모델링을 개념적 틀이나 체계, 실세계와의 연관 지어 사고를 형성해가는 과정이라고 이해하고 있었다.

제가 보았던 교재에 삽화가 하나 있었는데, 지구의 모습으로 그려진 실제세계가 있고 모델링의 세계가 있어서 그 두 세계가 서로 화살표로 호환되는 그림이었어요. 그 삽화를 중심으로 이해한 바로는, 굉장히 복잡하고 세밀하게 구성된 실제세계에서 정수를 뽑아서, 마치 지도나 지구본 모형과 같이, 정보를 집약하거나 상징을 이용하는 것이 아닐까요? 어떤 문제 상황을 실제 세계라고 한다면 그 문제 상황의 핵심을 뽑아서, 문제 상황을 해결하기 좋게 사고를 구성해나가는 과정이 아닐까라고 생각합니다(A 교사).

나는 수학적 모델링은 수학이 어떤 파트를 가르칠 때 어떤 프레임을 만들어 놓고 그거에 베이스. 어떤 모델링이라는 것이 눈에 딱 드러나는 것이 아니라 베이스가 되는 체계라고 생각해요(B 교사).

또한 수학적 모델링에 대한 개념에 대해서 교사들은 '수학을 발견'하거나 '규칙을 찾거나 원리를 탄생'시키는 것으로 이해하고 있었고 이는 Lesh와 Leher(2003)가 제시하는 것처럼 수학적 모델링에 대해 인식한다는 것은 수학적으로 생각하는 것을 강조하는 입장이라고 볼 수 있다. 교사들이 실제로 자신들이 수학적 모델링의 개념을 명확히 정의내리지 못한다고 여기고 있을 지라도 수학적으로 생각하기를 강조하고 있다는 측면에서 이미 수학적 모델링에 대한 인식을 하고 있는 것이라 볼 수 있다.

> 개념형성에 모델링 방법을 사용할 것 같아요. 제가 학년 초 수학 첫 시간에 하는 오리엔테이션 중에는 '수학은 도처에 널려있다'는 말도 들어 있는데, 예를 들어 주변의 물건에서 도형을 찾는 식이죠. 같은 식으로 도처에 널려있는 것들에서 모델링 기법을 사용하여 규칙을 찾거나 원리를 탄생시키는 활동을 할 것 같습니다(A 교사).

> 모델링이 수학시간에 분명히 일어난다고 봐요. 그게 없을 수는 없어요(중략). 어떻게 하면 아이들이 수학적으로 쉽게 인지할 수 있을지, 특히 저학년으로 내려갈수록 강조되는 것은 이거에 대해 거부반응을 일으키지 않고 숫자 기호로 생각하지 않고 자연스럽게 일상 생활속에서 수학이 숨어있는지 발견해내는 거죠(B 교사).

다 수학적 모델링의 적용

수학적 모델링이 실제 수학시간에 어떻게 적용될 수 있을지에 대한 질문에 대해서는 면담에 참여한 교사들은 실제 상황을 수학적 표현을 통하여 수학적 상황으로 전환시키는 과정을 통해 수학의 원리와 개념을 이해할 수 있다고 응답하였다. 수학적 모델링을 하는 과정에서 그래프를 그린다거나 실제 학생들이 신체표현을 통해 상황을 구체화시키거나 교구를 통해 모델을 구성하는 것과 같은 활동을 경험할 수 있다고 하였는데 이는 NCTM(2000)에서 상황을 모델링하기 위해 물체, 그림, 기호를 사용한 것과 같은 맥락이라 할 수 있다.

> 문제해결단원에서 '가로수를 1m 간격으로 세운다고 할 때, 가로수가 몇 그루 필요할까?' 하는 문제를 다룰 때, 단위뿐 아니라 수 계산, 때때로 수가 분수로 제시되면 분수 계산까지 다뤄야해서 복잡하죠. 이럴 때 아이들이 직접 가로수가 되어 서 있어 보면서 문제를 해결하게 하고, 그 해결 과정을 수학 공책에 적어보게끔 합니다(A 교사).

> 문제 만들고 스스로 문제를 찾아가기를 해요(중략). 쉽고 현실적으로 받아들일 수 있게 계산에 찌들지 말고. 그것이 왜 필요한지 통계 나오면 신문기사에서 그래프로 그려봐, 예상해봐, 이런거요(B 교사).

라 수학적 모델링의 현장 적용 방안

수학적 모델링을 초등교육에 적용하기 위한 방안에 대한 질문에 대해 교사 스스로 모델링을 학습하는 학습자가 되어보는 워크숍 형태의 연수를 제안하였다. 또한 아직 수학적 모델링에 대한 인식이 초등에서는 부족한 만큼 그에 대해 확실한 정의와 더불어 필요성에 대한 인식을 할 수 있는 기회를 제공해야할 것을 제언하였다.

> 교사연수의 경우는 워크숍 형식의 연수였으면 좋겠어요. 수학적 모델링의 정의나 장점을 계속 앉아서 듣고 있어야 하는 강의식 연수보다는, 실제로 모델링 수업의 학생이 되어서, 수학문제를 모델링 과정을 따라 해결해보는 경험을 가질 수 있는 연수를 받고 싶어요(A 교사).

결론적으로 볼 때 단계적으로 모델링에 대해 소개하는 경험을 제공하여 교사들로 하여금 수학적 모델링에 대한 개념적 이해를 높이고, 이러한 경험을 통해 실질적으로 초등단계에서도 수학적 모델링을 적용하는 방안을 검토하는 것이 필요하다. 또한 현재 중고등학교 교육과정에서 문제해결영역에서 수학적 모델링을 강조하고 있는 것처럼 예비교사 및 현직교사들을 위한 교육과정 및 자료에도 수학적 모델링에 대한 소개를 점차 증가시켜 수학적 모델링에 대한 이해를 도울 필요가 있다.

제 7 장 수학적 모델링 프로그램 개발 과정 및 구성방향[9)]

01 초등 수학에서의 수학적 모델링 과정

앞서 제시된 수학적 모델링의 학교 현장 적용 사례들에 비추어 볼 때, 우리나라 초등 수학에서 수학적 모델링을 지도하기 위해서는 우리나라 초등학교 수학교육 현장에 적용이 가능한 구체적인 수학적 모델링 과정 및 단계가 정립될 필요가 있다. 이러한 필요에 따라 본 연구에서는 초등 수학 교육 현장에 적용할 수 있는 수학적 모델링 과정을 구체적으로 연구한 결과 도출된 수학적 모델링 과정과 수학적 모델링의 수업 적용 절차 및 수업 적용 예시는 다음과 같다.

선행 연구에 제시된 초등학교 학생 대상의 여러 가지 수학적 모델링 사례들을 살펴보면, 이들은 중·고등학교 대상의 사례들의 경우와 달리 제시되는 문제 상황 및 수학적 사고 및 추론 과정이 중등의 경우에 비해 비교적 덜 복잡하고, 모델링 과정에서도 형식적이고 추상적인 수학적 모델 보다는 실세계의 상황들을 단순화하고 형식화·추상화 해가는 활동 과정 자체가 강조되고 있음을 볼 수 있다. 이들 연구에서는 공통적으로 문제 상황을 관찰하고, 문제 상황에 적절한 모델을 개발하여 그 모델에서 수학적 결론을 찾아낸 후에 개발된 모델과 수학적 결론을 다른 상황에 적용함으로써 또 다른 실생활 문제를 해결해 나가는 큰 흐름을 찾을 수 있는데, 이러한 흐름은 Maki와 Thompson(1973), NCTM(1991), Lesh와 Doerr(2003), Lesh, Cramer, Doerr, Post와 Zawojewski (2003)가 제시한 수학적 모델링 과정과 흐름과 같은 맥을 같이 하는 것으로, 본 연구에서는 이들 세 연구에 제시된 수학적 모델링 과정을 바탕으로 하고, 이를 우리나라 초등 수학 교육 현장을 고려하여 수정함으로써 다음의 [그림 7-1]과 같은 수학적 모델링 과정을 제시하고자 한다.

9) 김민경, 홍지연, 김은경(2009)의 내용 중 일부 요약 기술됨.

[그림 7-1] 초등 수학에서의 수학적 모델링 과정

[그림 7-1]에 제시된 수학적 모델링 과정은 실생활 문제로부터 시작되어 다시 실생활 문제로 되돌아오는 순환과정으로서, 이러한 순환과정의 형태는 NCTM(1990)과 Maki와 Thompson (1973)이 제시한 과정을 근간으로 하였으며, 각 단계에서 이루어지는 활동의 내용은 Lesh와 Doerr(2003)와 Lesh, Cramer, Doerr, Post와 Zawojewski(2003)가 제시한 것을 바탕으로 하였다.

위의 [그림 7-1]에 제시된 수학적 모델링 과정의 각 단계를 구체적으로 살펴보면, 우선 첫 번째 단계인 [실생활 문제] 단계는 준비활동을 하는 단계로서 현실 생활의 문제가 제시됨으로써 학생들로 하여금 실생활 문제 상황에 노출되도록 하여 문제 상황에 직면하도록 하는 단계이다.

[모델] 단계인 두 번째 단계는 모델유도활동을 하게 되는 단계로서 이 단계에서 학생들은 제시된 현실의 문제 상황을 자세히 관찰함으로써 문제 상황을 이해하는 동시에, 문제 상황을 단순화함으로써 자신들이 해결해야 할 문제 상황에 적절한 모델을 유도하고 개발하게 된다.

세 번째 [수학적 결론] 단계는 모델탐색활동을 하는 단계로서 학생들로 하여금 자신들이 이전 단계에서 유도하고 개발했던 모델을 탐색하여 형식화하고 추상화함으로써 수학적 결론을 이끌어 내도록 한다.

네 번째 단계인 [모델 적용] 단계는 모델적용활동을 하는 단계로서 이 단계에서 학생들은 앞선 단계에서 얻어진 수학적 결론을 해석·분석함으로써 유사한 상황에 자신들의 모델과 모델에 포함된 수학적 결론을 적용하게 되며, 나아가 자신들이 개발했던 모델들을 응용함으로써 여러 가지 모델들을 새로운 실생활 문제 상황에 재활용·일반화하게 된다.

이처럼 학생들은 [실생활 문제]-[모델]-[수학적 결론]-[모델 적용]의 과정을 거치는 동안 준비활동과 모델유도활동, 모델탐색활동, 모델적용활동을 함으로써 현실 상황의 문제에 포함된 수학적 개념이나 원리, 법칙을 모델을 통하여 발견하고, 이를 다시 다른 문제 상황에 적용함으로써 하나의 문제를 해결하게 된다.

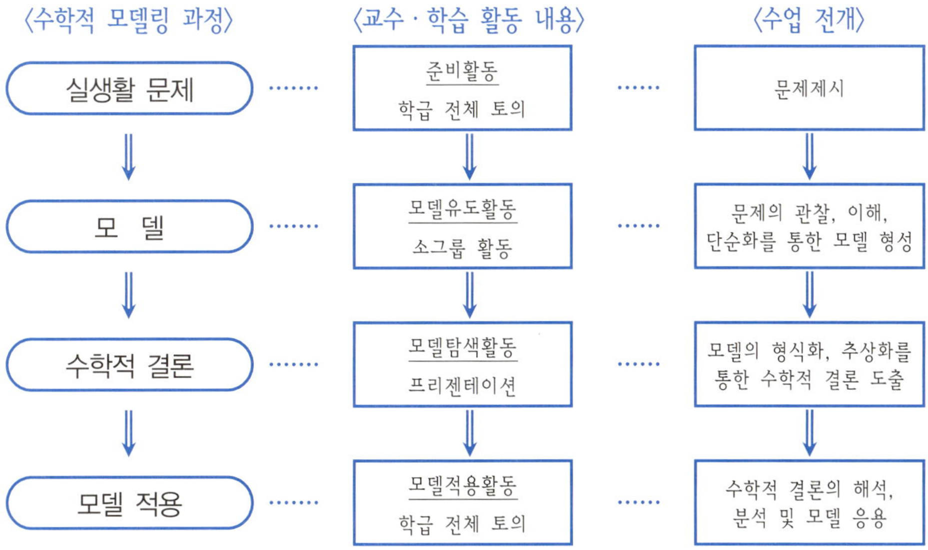

[그림 7-2] 수학적 모델링의 수업 적용 절차

02 수학적 모델링 프로그램의 구성 방향

(1) 수학적 모델링의 수업 적용 절차

〈수학적 모델링의 첫 번째 단계〉

준비활동으로 학급 전체 토의를 할 수 있는데, 이 때 실생활 문제가 제시되고, 제시된 문제를 학급 전체가 공유함으로써 학생들은 해결해야 할 문제 상황을 접하고 문제 상황에 직면하게 되며, 학급 전체가 토의를 통하여 문제 상황 전반에 대하여 학급 전체가 이야기를 나누면서 문제 상황에 나타난 정보들을 파악하게 된다.

〈수학적 모델링의 두 번째 단계〉

학생들이 소그룹 활동을 통해 문제 상황을 관찰하고, 문제를 자세하고 구체적으로 이해하며, 문제 상황을 단순화함으로써 주어진 문제 해결에 적합한 모델을 개발·형성하는 모델유도활동을 하게 된다.

〈수학적 모델링의 세 번째 단계〉

학생들은 개발된 모델에 대한 프리젠테이션을 통하여 모델을 탐색하고 그것을 추상화·형식화함으로써 수학적 결론을 도출하는 모델탐색활동을 하게 된다.

〈수학적 모델링의 네 번째 단계〉

이후 마지막 단계에서 학생들은 학급 전체 토의를 통하여 모델적용활동을 하게 되는데, 학생들은 이전 단계에서 도출된 수학적 결론을 해석하고 분석하여 새로운 문제 상황에 응용하여 모델을 재활용함으로써 모델 적용 과정을 거치게 된다.

(2) 수학적 모델링의 수업 적용 예시

초등학교 수학 수업의 예시로 〈표 7-1〉과 같은 교수·학습 활동을 생각해볼 수 있다. 〈표 7-1〉의 교수·학습 과정안은 우리나라 제7차 수학과 교육과정의 5-나 단계 중 6. 넓이와 무게 단원으로서 측정 영역의 단원으로 넓이와 관련된 실생활 문제의 해결이라는 주제의 수업을 [실생활 문제]-[모델]-[수학적 결론]-[모델 적용]의 수학적 모델링 과정을 바탕으로 하여 준비활동-모델유도활동-모델탐색활동-모델적용활동의 절차에 맞게 교수·학습 활동을 조직한 것이다.

가 실생활 문제 단계

이 단계에서는 학생들은 학급 전체 토의를 통해 준비활동을 하게 되어있는데, 이 단계에서 학급 전체 학생들은 실세계 맥락과 연계된 수학적 모델링 과제를 받게 되고, 학급 전체 토의를 통하여 주어진 문제 상황의 내용을 확인하고 문제에 나타난 정보를 확인하게 된다. 본 연구에 수학적 모델링 과제는 다음과 같다.

> ★★초등학교 5학년 학생들은 합동미술시간에 설치미술 작품을 꾸미기로 하였습니다. 5학년 1반-6반의 6개 학급이 같은 시간에 운동장과 그 주변 시설물들을 이용하여 작품을 만들려고 합니다. ★★초등학교 5학년 6개 학급이 가능한 같은 넓이의 공간을 사용하도록 하려면, 5학년 각 반은 어느 위치에서 얼마만큼의 넓이를 사용하여 설치미술 작품을 꾸미면 될지 축척을 결정하고 지도를 그려 나타내어 봅시다.

나 모델 단계

준비활동을 마친 학생들은 [모델] 단계에서 모델유도활동을 하게 되는데, 이 단계에서 학습자들은 소그룹 활동을 통하여 문제 상황을 자세하고 구체적으로 관찰하고, 이해하고, 단순화함으로써 문제 해결을 위한 모델을 개발·형성하게 된다. 학습자들은 모둠별로 과제를 구체적으로 관찰하고 이해하는 동안 문제 해결에 필요한 정보들을 선택하고, 자신들이 어떤 일들을 해야 하는지에 대하여 논의하게 된다.

모둠원들은 문제 해결을 위한 전략과 과정을 계획한 후에, 학교 건물과 운동장 및 기타 학교 시설물들의 실제 길이와 넓이를 측정하고 그 결과를 기록한다. 측정이 끝나면 모둠의 학생들은 측정 결과를 주어진 종이(평면)에 지도로 나타낼 방법을 결정하게 되는데, 이 과정에서 학생들은 자연스럽게 이전학년(4학년 사회과)에서 학습했던 축척의 개념을 활용하게 된다. 주어진 종이(4절 도화지)에 지도를 그리기 위하여 적절한 축척을 결정함에 있어 학생들은 여러 번의 시행착오를 겪은 후, 가장 적합한 축척을 정하여 지도로 나타낸다.

지도가 그려지면, 학생들은 6개 학급이 가능한 같은 넓이의 설치 미술 공간을 확보할 수 있도록 다양한 방법으로 구역을 나누어 본 후, 가장 합리적이라고 생각되는 방법으로 영역을 나누어 지도에 표현함으로써 모델을 완성하게 된다.

다 수학적 결론 단계

각 모둠별로 모델이 형성된 후에 학생들은 [수학적 결론] 단계에서 프리젠테이션을 통해 각각의 모둠이 개발한 모델을 발표함으로써 모델탐색활동을 하게 된다. 이 과정에서 학생들은 모둠별로 축척을 결정한 방법과 각 장소의 넓이를 구한 방법, 그리고 활동 장소 전체를 6개의 부분으로 나눈 방법에 대하여 이야기를 나누며, 자신들이 모델을 만들어낸 과정과 방법을 형식화하고 추상화함으로써 모델에 포함된 수학적 개념, 원리, 법칙(축척 및 평면도형의 넓이 등)을 정리하게 된다.

〈표 7-1〉 수학적 모델링을 활용한 초등학교 5학년 측정 영역의 교수 · 학습 과정안

<table>
<tr><td>단원명</td><td>5-나 6. 넓이와 무게</td><td>영역</td><td>측정</td></tr>
<tr><td>활동주제</td><td colspan="3">넓이와 관련된 실생활 문제 해결하기</td></tr>
<tr><td>학습목표</td><td>넓이와 관련된 실생활 문제를 해결할 수 있다.</td><td>학습자료</td><td>4절 도화지, 줄자, 자 등</td></tr>
<tr><th>수학적 모델링 과정</th><th colspan="3">교수 · 학습 활동 내용 및 수업의 전개</th></tr>
<tr><td>실세계 문제</td><td colspan="3">◈ 준비활동(학급 전체 토의)
1) 동기유발 및 과제 제시
- 학습자의 실세계 맥락과 연계된 수학적 모델링 과제를 제시
★★초등학교 5학년 학생들은 합동미술시간에 설치미술 작품을 꾸미기로 하였습니다. 5학년 1반-6반의 6개 학급이 같은 시간에 운동장과 그 주변 시설물들을 이용하여 작품을 만들려고 합니다. ★★초등학교 5학년 6개 학급이 가능한 같은 넓이의 공간을 사용하도록 하려면, 5학년 각 반은 어느 위치에서 얼마만큼의 넓이를 사용하여 설치미술 작품을 꾸미면 될지 축척을 결정하고 지도를 그려 나타내어 봅시다.
2) 문제 상황 확인
- 주어진 문제 상황의 내용 알아보기, 문제에 주어진 정보 확인하기</td></tr>
<tr><td>모델</td><td colspan="3">◈ 모델유도활동(소그룹 활동)
1) 문제 상황의 관찰, 이해 및 단순화
- 문제해결을 위해 활용해야 할 정보를 선택하기
- 문제 상황을 단순화하여 문제 해결을 위해 해야 할 일 생각해보기
2) 모델 형성
- 문제를 해결하기 위해서는 어떤 전략을 사용하여야 하며, 어떤 과정을 거쳐야 할지 계획하기
- 학교 건물과 운동장 및 기타 시설물들의 실제 길이와 넓이를 측정하여 그 결과를 기록하기
- 측정 결과를 지도로 나타낼 방법 정하기
- 측정 결과를 바탕으로 하여 지도를 그리기 위한 축척을 결정하기
- 정해진 축척에 따라 주어진 종이(4절 도화지)에 지도를 그려보기
- 지도 안에 ★★초등학교 5학년의 1, 2, 3, 4, 5, 6반이 사용하게 될 설치미술 활동 장소의 영역을 나누는 방법을 결정하고 영역을 나누기
- 나누어진 영역을 지도에 표현하기</td></tr>
<tr><td>수학적 결론</td><td colspan="3">◈ 모델탐색활동(프리젠테이션)
- 모둠별로 개발한 모델을 발표하기
- 축척 결정 방법과 각 장소의 넓이를 구한 방법, 활동 장소 전체를 6개의 부분으로 나눈 방법에 대해 이야기 나누기
- 모델에 포함된 수학적 개념, 원리, 법칙 찾아내기(축척, 평면도형의 넓이)</td></tr>
<tr><td>모델 적용</td><td colspan="3">◈ 모델적용활동(학급 전체 토의)
- 여러 가지 모델 중에서 문제 해결을 위해 보다 더 적합한 방법이 있는지에 대하여 의견 공유하기
- 장소(다른 학교) 혹은 학급 수(증가 혹은 감소)가 변화된 상황이 주어질 경우, 개발된 모델을 어떻게 활용할 것인지에 대하여 의견 나누기</td></tr>
</table>

라 모델 적용 단계

마지막으로 [모델 적용] 단계에서 학생들은 학급 전체 토의를 함으로써 모델적용활동을 하게 되는데, 이 과정에서 학생들은 축척의 개념과 평면도형 넓이의 개념 및 공식 등의 수학적 결론을 해석하고 분석함으로써 여러 가지 모델들 중에서 문제 해결을 위하여 가장 적합한 방법이 무엇인지, 혹은 더 좋은 또 다른 모델이 있는지에 대하여 의견을 공유하며, 나아가 장소 혹은 학급수가 변화된 상황이 주어질 경우에 자신들이 개발한 모델을 어떻게 활용할 수 있을 것인지에 대하여 이야기를 나누게 됨으로써 모델을 다른 실세계 상황에 재활용하고 일반화할 수 있는 방법을 모색하게 된다.

위의 수학적 모델링 활용 교수·학습 과정안에 나타난 바와 같이 앞서 제시된 수학적 모델링의 과정과 수업 적용 절차는 우리나라 초등수학 수업에 수학적 모델링을 적용하는데 활용될 수 있을 것이며, 학생들이 수학적 모델링을 활용하여 실세계 맥락의 문제를 해결하는 기회를 가질 수 있도록 하는데 도움을 줄 수 있을 것으로 보인다.

03 수학적 모델링 프로그램의 내용 개요

학년	모델링 제목	수학원리	영역	비고
4	그린스타트(Green Start)	큰수, 들이재기	수와 연산	★
	어림의 달인	어림하기	측정	
	토너먼트(Tournament)	문제해결	규칙성과 문제해결	◈
	상상놀이터	다각형	도형	◈
	자료의 변신	꺾은선그래프	확률과 통계	◈
	기상캐스터	어림하기	측정	
	드러머(Drummer)	패턴, 규칙성	규칙성과 문제해결	
5	티셔츠 주문하기	평균	규칙성과 문제해결, 수와 연산	◈
	칼로리 지킴이	문제 푸는 방법 찾기	규칙성과 문제해결, 수와 연산	★
	무늬의 변신(테셀레이션)	규칙성	규칙성과 문제해결	
	박스 만들기	직육면체	도형	
	장갑 디자이너	Pick의 정리	측정, 수와 연산	◈
	배낭여행	소수의 곱셈	수와 연산	◈
	카드섹션	규칙성, 문제해결	규칙성과 문제해결	
6	마네킹 퍼포먼스 (Mannequin Performance)	입체도형의 겉넓이	측정	
	스페이스(Space)	비, 비율, 비례식	규칙성과 문제해결	★
	초코칩(Choco Chip)	문제해결 전략찾기, 백분율	규칙성과 문제해결	
	파티 플래너(Party Planner)	분수와 소수의 나눗셈	수와 연산 규칙성과 문제해결	
	모자 모델리스트 (Hat Modelist)	입체도형의 전개도	도형, 측정	◈
	시티 투어(City Tour)	경우의 수	확률과 통계, 규칙성과 문제해결	◈
	6학년 남녀탐구생활	비율, 비율그래프	확률과 통계	◈
	웰빙과자의 비밀	비, 비율, 비례식, 백분율	규칙성과 문제해결, 확률과 통계	

★ : 적용사례 ◈ : 부록참조

PART III

Mathematical Modeling

수학적 모델링 프로그램 실제 및 적용 사례

MEMO

제8장 4학년 사례

01 4학년 수학적 모델링 실세계 문제 예시

§1. 그린 스타트(Green Start)

★★초등학교 4학년 학생들은 「그린스타트운동」의 일환으로 '이렇게 어마어마할수가!'라는 주제로 홍보 포스터를 제작하려고 합니다.

학생들은 1주일 동안 모둠에서 나온 쓰레기양을 측정하여 반, ★★초등학교 4학년, ★★초등학교, ◎◎구 초등학교, ◇◇시 초등학교, 전국 초등학교의 일주일, 한달, 1년 동안의 쓰레기양을 예상하고, 이를 근거로 홍보 포스터를 제작하여 봅시다.

§2. 어림의 달인

★★초등학교 4학년 학생들은 초등학생에게 있어서 무거운 책가방은 요통을 일으키는 주요원인이라는 「초등학생 '책가방 때문에 허리 휜다'」는 기사[2006년 10월 17일 헬스메디 기사]를 보았습니다.

이와 관련해서 교과서, 학용품, 책가방 및 기타 물품의 무게를 어림해보고 위 기사에서 조사된 4, 5학년의 평균 책가방의 무게인 2.65kg과 가장 가깝게 필요한 학용품과 교과서를 채워 책가방을 싸봅시다.

§3. 토너먼트(tournament)

이번 가을 운동회는 학년별로 종목을 정해 토너먼트제로 운영하기로 했습니다. 수요조사 및 학급회의를 통해 4학년은 피구 경기를 하기로 했습니다.

학생들은 토너먼트제로 운영되는 피구경기 준비를 위해 연습할 시간을 가능한 많이 가지기를 원합니다. 학교는 4학년 전 학급 시간표를 제공하고, 가능한 각 반의 체육시간이 연습시간이 될 수 있도록 공평하게 사용할 수 있는 체육시설 사용시간표 및 대진표를 만들어봅시다.

체육시설 사용시간표 및 대진표 작성 조건은 아래와 같다.

- 연습기간 : 2010년 9월 1일 ~10월 7일
- 가을운동회 일시 : 10월 8일
- 공평하게 시간을 배부해야 한다.
- 정규체육수업 3시간 중, 2시간은 두 반이 함께 연습 경기를 하고, 1시간은 한 반이 단독 연습을 한다.
- 단독 연습은 각 반의 체육시간 중 한 시간으로 하고, 두 반이 함께 연습하는 경기의 경우는 두 반의 동일한 체육시간으로 하되, 만약 동일한 시간이 없다면, 교과 시간을 피하여 서로 가능한 연습시간이 되도록 시간을 변경한다.
- 4학년 연습가능 공간은 운동장, 체육관, 피구장 등이다.
- 경기는 토너먼트로 진행된다. 쉬는 시간과 경기 시간 등을 고려하여 대진표를 작성해야 한다.

§4. 상상놀이터

★★초등학교 4학년 O반 학생들은 미술시간에 다양한 재료를 사용하여 상상놀이터를 만들려고 합니다. 8절지 크기의 놀이터 부지에 적합한 설계도면을 그리고, 각종 시설을 8절지 크기의 우드블럭 위에 밑면이 다각형인 입체도형으로 놀이기구를 만들어 상상놀이터를 꾸며 봅시다. 완성한 후 상상놀이터에 나타난 다양한 다각형을 찾고, 놀이터에 왜 이런 다각형이 사용되었는지 발표해봅시다.

§5. 자료의 변신

★★초등학교는 ○월 학교신문에 '4학년 ☆반 줄넘기 왕' 관련으로 기사를 실으려고 합니다. 이 기사에는 매주 이틀간 총 4주(총 8회)에 걸쳐 실시한 줄넘기 횟수를 기록하고, 이 표에 근거하여 4학년 ☆반 남/여 대표를 선출하고, 남/녀 대표의 줄넘기 횟수를 적은 표를 기반으로 '4학년 ☆반 줄넘기 왕' 을 선발한다고 합니다. 여러분이 어린이 기자가 되어 기사에 삽입될 그래프를 그려봅시다.

〈줄넘기 횟수 기록표〉

- 단, 10분간 연습 후 기록표에 적을 줄넘기를 넘은 횟수가 '3번 이하'이면 재도전 할 수 있지만, 재도전 기회는 한번뿐이다.

학년	번	이름	줄넘기를 넘은 횟수									반별 남/녀 대표 줄넘기 횟수		
			첫째 주		둘째 주		셋째 주		넷째 주		합계	선정기준 및 이유	남	여
			1회	2회	1회	2회	1회	2회	1회	2회				
	1	홍길동										〈예시〉 ① 최고기록 ② 합계 ③ 향상도 ④ 기타(　) 이유 :		
4-☆		. . . .												

§6. 기상캐스터

2010년 1월 4일 월요일, 서울은 기상관측이 시작된 1937년 이래 최고의 적설량인 25.8cm을 기록했습니다. 사실상 100여년만의 폭설이라고 합니다.

폭설로 버스는 제대로 운행되지 못하고, 전철은 '지옥철'이란 말이 나올 정도였습니다. 대부분의 사람들은 지각을 하였고 퇴근을 포기하는 사람조차 있었습니다.

서울에 내린 25.8cm의 눈은 어느 정도의 양일까요? 강남과 강북으로 구분하여 눈이 온 양을 비교해 보고, 서울 전체에 내린 눈의 양을 어림하여 기상예보 자료를 만들어 봅시다.

(출처 : www.seoul.go.kr 2008년 12월 31일 기준 / 단위는 km^2)

행정구역	면적	행정구역	면적	행정구역	면적	행정구역	면적	행정구역	면적
종로	23.91	동대문	14.20	노원	35.43	강서	41.43	관악	29.57
중구	9.96	중랑	18.50	은평	29.69	구로	20.14	서초	47.00
용산	21.87	성북	24.57	서대문	17.60	금천	13.01	강남	39.54
성동	16.85	강북	23.61	마포	23.87	영등포	24.57	송파	33.88
광진	17.05	도봉	20.70	양천	17.40	동작	16.35	강동	24.58

- $1km^2=1000000m^2$, 1cm=0.01m
- 면적당 눈온 양 구하는 예시)
  $2km^2$면적에 20cm의 눈이 왔을 때 : $2000000m^2 \times 0.2cm=400000$

4-1 서울의 생활 1단원

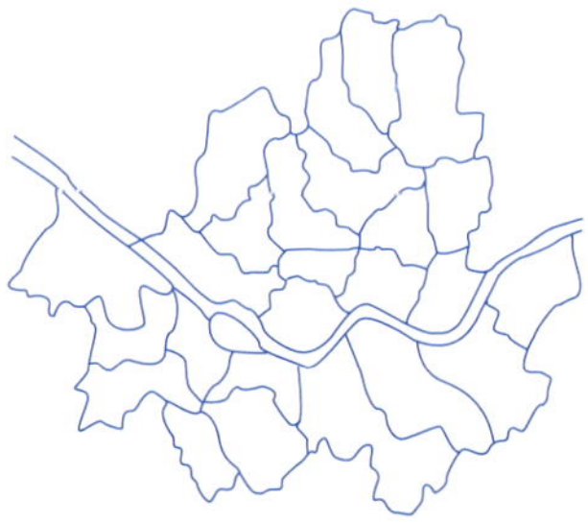

(교과서에서 직접 확인해 볼 것)

§7. 드러머(Drummer)

학예회 발표를 위해 우리반에서는 즐거운 난타공연을 준비하려고 합니다. 난타 공연을 위해 해야할 일들을 토의해본 결과, 가장 먼저 연주할 리듬을 정하고 악보를 만들어야 한다는 의견이 모아졌습니다. 하지만 새로운 리듬을 어떻게 만들어야 하는지, 또 어떻게 표현하면 보다 쉽게 연주 연습을 할 수 있을지에 대해서는 잘 모르고 있습니다.

연주할 리듬을 만들기 위해 인터넷을 검색해보니, 리듬을 보다 쉽게 이해할 수 있는 웹사이트를 발견하였습니다. 이를 활용하여 리듬을 만들어 새로운 악보를 만들어 보기로 하였습니다.

– www.philtulga.com을 참고하여 연주할 리듬과 악보를 만들어 봅시다.

02 4학년 수학적 모델링 프로그램의 실제

<table>
<tr><td>모델링 제목</td><td colspan="3">그린 스타트</td><td>학년/학기</td><td>4학년 1학기</td></tr>
<tr><td>모델링 내용</td><td colspan="5">모둠의 쓰레기 배출량으로 우리반, ★★초등학교 4학년, ★★초등학교, ◎◎구 초등학교, ◇◇시 초등학교, 대한민국 내 초등학교의 예상 쓰레기 배출량을 큰 수로 나타내기</td></tr>
<tr><td rowspan="2">단원 및 영역</td><td>주단원명</td><td colspan="2">큰 수 (수와 연산)</td><td rowspan="2">수학원리</td><td rowspan="2">큰 수
들이재기</td></tr>
<tr><td>부단원명</td><td colspan="2">2009학년도 3-나 5. 들이재기(측정)</td></tr>
<tr><td>학습목표</td><td colspan="2">쓰레기의 배출량을 예상하고, 큰 수로 나타내고 읽을 수 있다.</td><td>학습자료</td><td colspan="2">종량제 봉투(또는 ℓ가 표시된 물건), 교육청 자료, 계산기</td></tr>
<tr><td>수학적 모델링 과정</td><td colspan="5"></td></tr>
</table>

실세계 문제

◈ 준비활동(학급 전체 토의)

1) 동기유발 및 과제 제시
- 학습자의 실세계 맥락과 연계된 수학적 모델링 과제를 제시

> ★★초등학교 4학년 학생들은 「그린스타트운동」의 일환으로 '이렇게 어마어마할 수가!'라는 주제로 홍보 포스터를 제작하려고 합니다.
>
> 학생들은 1주일 동안 모둠에서 나온 쓰레기양을 측정하여 반, ★★초등학교 4학년, ★★초등학교, ◎◎구 초등학교, ◇◇시 초등학교, 전국 초등학교의 일주일, 한달, 1년 동안의 쓰레기양을 예상하고, 이를 근거로 홍보 포스터를 제작하여 봅시다.

2) 문제 상황 확인
- 주어진 문제 상황에 대하여 학급 전체의 친구들과 이야기 나누기

모델

◈ 모델유도활동(소그룹 활동)

1) 문제 상황의 관찰, 이해 및 단순화[모델유도활동 1]
- 무엇이 쓰레기인지 생각하여 적어보기
- 문제해결을 위해 활용해야 할 정보를 선택하기
- 문제 상황을 단순화하여 문제 해결을 위해 해야 할 일 생각해보기

2) 모델 형성
- 모둠에서 나온 쓰레기양을 예측하기 위해 어떤 순서로, 어떻게 해결하면 좋을지 문제해결에 대한 과정 및 전략에 대한 계획을 세우고 기록하기[모델유도활동 2]
  - ☞ 모둠별 1주일 쓰레기의 양을 예측하기 위해 어떠한 것들을 어떤 방법으로 측정하면 좋을지 활동지에 기록하기
- 정보수집하기[모델유도활동 3]
  - ☞ 과제 수행에 필요한 정보를 수집하는데 사용한 방법, 정보에 대한 조사·수집 과정 및 결과들을 기록하기

	※ 학생 활동 예시 : 모둠별 1주일 쓰레기양을 여러 가지 방법(종량제봉투, ℓ가 표시된 다양한 용기 등)을 활용하여 측정한다. - 조사된 정보수집 결과를 바탕으로 반, ★★초등학교 4학년전체, ★★초등학교, ◎◎구 초등학교, ◇◇시 초등학교, 전국 초등학교의 일주일 동안의 쓰레기 양 예측 과성에서 수행한 여러 가시 활동들의 순서 및 내용 기록하기(계산기 활용 허용, 계산 순서/과정 포함)[모델유도활동 4] ☞ 모둠별 1주일 쓰레기 양을 바탕으로 우리반, ★★초등학교 4학년전체, ★★초등학교, ◎◎구 초등학교, ◇◇시 초등학교, 전국 초등학교의 일주일, 한달, 1년 쓰레기 예상 배출량 구하고, 이를 활용하여 홍보 포스터 만들기 ☞ 학생들에게 ★★초등학교 4학년전체, ★★초등학교, ◎◎구 초등학교, ◇◇시 초등학교, 전국 초등학교의 자료를 제공시 지도(◎◎구, ◇◇시, 전국)와 표, 막대 그래프 등을 이용하여 제공함으로써 학생들이 쓰레기양을 예측한 결과를 나타낼 때 지도, 표, 그래프 등을 활용할 수 있도록 독려하기 ※ 학생 활동 예시 : 모둠별 1주일 쓰레기양을 바탕으로 우리반의 1주일 쓰레기 양을 예상하는 방법을 구하고, 이때 사용한 방법을 좀 더 확장하여 ★★초등학교 4학년전체, ★★초등학교, ◎◎구 초등학교, ◇◇시 초등학교, 전국 초등학교에 적용하여 쓰레기 양을 예측하고, 이를 지도, 표, 그래프, 글 등 다양한 방법을 사용하여 표현한다.
수학적 결론	◈ 모델탐색활동(프리젠테이션) - 활동 정리하기[모델탐색활동 1] ☞ 문제를 실제로 어떤 순서로, 어떻게 해결하였는지 문제해결과정을 되돌아보고, 과제 수행에 활용된 수학적 개념, 원리, 법칙에 대해 기록하기 ※ 학생 활동 예시 : 1주일동안 쓰레기를 모은 방법, 그리고 그 양을 측정하기 위해 사용한 도구와 방법, 모둠의 1주일 쓰레기 양으로 우리반, ★★초등학교 4학년전체, ★★초등학교, ◎◎구 초등학교, ◇◇시 초등학교, 전국 초등학교의 1주일, 1달, 1년의 쓰레기 양을 어떻게 예측할 수 있었는지 방법 이야기 나누기 - 발표 준비하기[모델탐색활동 2] ☞ 모둠별로 과제 수행 과정 및 결과에 대하여 발표할 내용 큰 수로 기록하기 - 모둠별로 개발한 모델을 발표하기 ☞ 모둠별로 완성한 전국 초등학교 1년 쓰레기 양 예상치 대하여 발표하기(표, 그림, 그래프 등을 사용하여 표시하고, 예상치는 큰 수로 쓰고 읽기) - 다른 모둠들이 발표한 쓰레기 측정방법 및 예상량에 포함된 수학적 개념, 원리, 법칙 찾기[모델탐색활동 3] ※ 학생 활동 예시 : 여러 모둠의 발표 내용에 포함된 들이재기, 큰 수 등의 수학적 개념/원리/법칙을 찾아본다.
모델 적용	◈ 모델적용활동(학급 전체 토의) - 모둠별로 발표한 쓰레기 예상 양 중에서 가장 적절한 예상양에 대해 의견 공유하고, 더 좋은 방법이 있을지에 대하여 이야기 나누기[모델적용활동 1] - 변화된 상황이 주어질 경우, 개발된 모델을 어떻게 활용할 것인지에 대하여 의견을 나누고, 과제를 수행하는 과정에서 사용했던 방법을 활용할 수 있는 다른 사례 찾아보기[모델적용활동 2]

4-1 활동 개요	그린 스타트(Green Start)	4학년 반 ( )모둠 모둠원 : ( )

※ 다음의 문제 상황을 읽고, 문제를 해결하여 봅시다.

1994년 쓰레기 종량제 실시 후 1인당 1일 쓰레기 발생량이 1.03kg(환경부, 2002년 자료)로 줄었다고 합니다. 하지만 음식물쓰레기 증가, 무단으로 투기된 수많은 쓰레기로 지구가 고통 받고 있습니다. 이에 송정초등학교 4학년 1반 학생들은 「그린스타트운동」의 일환으로 '어마어마한 쓰레기양'이라는 주제로 표어와 근거자료를 다양한 방법으로 나타내려 합니다.

단, 근거자료에는 초등학교에서 발생 가능한 쓰레기 예상 양(기간, 장소별)이 나타나야 하며, 이를 다양한 방법(글, 그림, 그래프, 표 등)으로 표현하여야 합니다.

※ 문제를 해결하면서 수행과제를 완성해봅시다.

과정	활동내용	활동형태
준비 활동	• 주어진 문제 상황에 대하여 학급 전체의 친구들과 이야기를 나누기	학급 전체토의
모델 유도 활동	• 문제 상황을 정리하여 활동지에 기록하기 • 쓰레기양을 예측하기 위해 어떠한 정보들을 알아야 하며, 필요한 각각의 정보들을 어떤 방법으로 수집해야 할지 기록하기 • 문제를 어떤 순서로, 어떻게 해결하면 좋을지 문제해결에 대한 과정 및 전략(해결방법)에 대한 계획을 세우고 기록하기 • 정보수집하기-과제 수행에 필요한 정보를 수집하는데 사용한 방법, 정보에 대한 조사·수집 과정 및 결과들을 기록하기 • 조사된 정보수집 결과를 바탕으로 쓰레기양 예상방법 및 예상량을 활동 순서 및 내용이 포함되게 기록하고(계산기 사용 허용, 계산순서/과정 포함), 표어 및 근거자료 나타내기	소그룹 활동
모델 탐색 활동	• 활동 정리하기-표어 및 근거자료 다양한 방법으로 작성 후 문제를 실제로 어떤 순서로, 어떻게 해결하였는지 문제해결과정을 되돌아보고, 과제수행에 활용된 수학적 개념, 원리, 법칙에 대해 기록하기 • 발표 준비하기-모둠별로 과제 수행 과정 및 결과에 대하여 발표할 내용 정리하기(문제해결과정, 알게된 수학적 개념 원리, 느낌 등) • 모둠별로 완성한 표어 및 근거자료 발표하기 • 다른 모둠들이 발표한 표어 및 근거자료에 포함된 수학적 개념, 원리, 법칙 찾기	프리젠테이션
모델 적용 활동	• 모둠별로 발표한 쓰레기 예상량 중에서 가장 적절한 예상량에 대해 의견 공유하기 • 더 좋은 방법이 있을지에 대해 이야기 나누기 • 과제를 수행하는 과정에서 사용했던 방법을 활용할 수 있는 다른 사례 찾아보기	학급전체 토의

4-1 활동지 1	그린 스타트(Green Start)	4학년 반 ( )모둠 모둠원 : ( )

[준비활동] 주어진 문제 상황의 내용을 정리하여 봅시다.

[모델유도활동 1] 무엇이 쓰레기인지 생각하여 적어보고, 문제 해결을 위해 활용해야 할 정보와 새로 수집해야 할 정보들에 대하여 기록해 봅시다.

4-1 활동지 2	그린 스타트(Green Start)	4학년 반 ( )모둠 모둠원 : ( )

[모델유도활동 2] 쓰레기양을 예상하기 위해 어떤 순서로, 어떻게 해결하면 좋을지 문제해결에 대한 과정 및 해결방법에 대한 계획을 세워 봅시다.
(누가 어떤 역할을 맡을 것인지도 기록해 봅시다.)

문제 해결 계획	
역할 분담	

[모델유도활동 3] 정보수집하기-과제 수행에 필요한 정보를 수집하는데 사용한 방법, 정보에 대한 조사·수집 과정 및 결과들을 기록해 봅시다.

정보수집 방법	정보수집 과정	정보수집 결과

4-1 활동지 3	그린 스타트(Green Start)	4학년 반 ( )모둠 모둠원 : ( )

[모델유도활동 4] 쓰레기양을 예상하는 과정에서 수행한 여러 가지 활동들의 순서 및 내용을 기록하여 봅시다.

쓰레기 예상량 (지역, 기간 등 포함된 계산 자료)	
표어	
쓰레기 예상량 다양한 방법으로 표현하기 (글, 그림, 그래프, 표 등)	* 여기까지 다했다면 발표 자료이자 게시자료를 만들어 봅시다. • 누가? 모둠 구성원 모두가 힘을 합쳐 • 어디에? 각종 자료(색연필, 싸인펜, 선생님께서 제공한 자료, 인터넷 검색 자료 등)을 활용하여 도화지에^^ • 어떻게? 활동지 3의 내용을 정리하여^^

4-1 활동지 4	그린 스타트(Green Start)	4학년 반 ( )모둠 모둠원 : ( )

[모델탐색활동 1] 표어 및 근거자료를 나타내기 위해 어떤 순서로, 어떻게 해결하였는지 문제해결과정을 되돌아보고, 과제 수행에 활용된 수학적 개념, 원리, 법칙에 대하여 기록해봅시다.

4-1 활동지 5	그린 스타트(Green Start)	4학년 반 ( )모둠 모둠원 : ( )

[모델탐색활동 2] 과제 수행 과정 및 결과에 대하여 발표할 내용을 기록하여 봅시다.

4-1 활동지 6	그린 스타트(Green Start)	4학년 반 ( )모둠 모둠원 : ( )

[모델탐색활동 3] 다른 모둠들이 발표한 쓰레기양 예상방법 및 예상량을 표현하는 방법(표나 그래프 등)에 포함된 수학적 개념, 원리, 법칙을 찾아보고, 기록하여 봅시다.

모둠명	적용된 수학적 개념, 원리, 법칙

4-1 활동지 7	그린 스타트(Green Start)	4학년 반 ( )모둠 모둠원 : ( )

[모델적용활동 1] 모둠별로 예상한 쓰레기양 중에서 가장 적절한 예상량에 대하여 기록하고, 예측을 위해 더 좋은 방법이 있을지에 대하여 생각해 봅시다.

[모델적용활동 2] 과제를 수행하는 과정에서 사용했던 방법을 활용할 수 있는 다른 사례 혹은 상황을 찾아봅시다.

03 4학년 수학적 모델링 프로그램의 적용 사례

수학적 모델링 과정에서 나타나는 양적추론 유형 · 표현 분석

NCTM(2000)은 학교 수학을 위한 원리와 규준에서 유치원부터 12학년에 걸쳐 추론과 증명을 학생들의 수학적 경험으로 일관되게 제시해야함을 강조하고 있다. 또한 Smith와 Thomson(2008)은 수학적 추론에서 수와 산술적 연산보다는 수 사이의 관계 및 양에 초점을 두는 접근을 양적/개념적 접근이라고 제시하였다. 이때 양적 추론의 대상은 측정이 가능한 양, 길이, 시간, 속도 뿐만이 아니라 수, 문자, 패턴과 같이 양화할 수 있는 모든 수학적 대상이 포함된다. 이러한 양적 추론은 학생들에게 문제해결에 있어 주요한 양과 관계에 대해 인식하게 하며 이러한 관계를 표현을 통해 개념적 발달의 토대를 마련할 수 있을 것이다. 또한 특정 계산보다는 수의 관계를 표현하는데 집중함으로써 기호화 및 수학적 표현을 발달시키는데 도움을 줄 수 있을 것이다. 본 연구에서는 Smith와 Thomson(2008)이 제시한 양적 추론을 포함한 해결방법의 과정을 중심으로 수학적 모델링활동을 분석하고자 하였다. 다음 〈표 4-1〉은 양적추론과정을 1~5단계로 구분한 내용이다.

〈표 4-1〉 양적 추론을 포함한 해결방법의 과정

단 계	설 명
1단계 양 인식하기	문제에서 주어진 양을 인식하기
2단계 양 특징 파악하기	양이 가지고 있는 속성 파악하기
3단계 양 관계 파악하기	양들 사이의 관계를 파악하기
4단계 새로운 양 만들기	주어진 양을 가지고 새로운 양 만들기
5단계 새로운 양과의 관계 파악하기	주어진 양과 새로운 양의 관계 파악하기

1) 양 인식하기

양 인식하기는 양적추론의 1단계로 문제에서 주어진 양을 인식하는 단계이다. 아래에서 보여지는 것처럼 수학적 모델링의 준비활동 단계에서 여덟 모둠 중 다섯 모둠이, 모델탐색활동에서 한 모둠이 1단계인 양 인식하기의 양적추론을 보였다.

수학적 모델링 단계	양 인식하기에서 나타난 반응	모둠
준비활동	강서구 초등학교에서 발생 가능한 쓰레기 예상량을 다양한 방법으로 구하기 (그래프, 막대)	2
	1994년 쓰레기 종량제 실시 후 1인당 1일 쓰레기 발생량이 1.03kg(환경부, 2002년 자료)로 줄었다고 합니다. 그럼으로 지구가 고통을 받고 있으니 쓰레기를 줄입시다.	3
	일인당 1일 버린 쓰레기의 발생량	5
	1994년 쓰레기 종량제 실시 후 1인당 1일 쓰레기 발생량이 줄었다가 늘었다가 했다고 한다. 한마디로 증가 감소라고 한다. 자꾸 이런 경우가 발생되면 우리 지구가 위험할 것이다. 또 음식물 쓰레기와 무단으로 투기된 쓰레기의 양이 늘어났다고 한다. 그래서 우리나라는 그린 스타트 운동을 실시할 것이다.	6
	1인당 일주일에 버리는 쓰레기. 우리 반 아이들이 버리는 쓰레기 양	8
모델탐색활동	연도별 쓰레기양 표어, 전국지역의 학교 수, 구역의 학급수	5

수학적 모델링에서 준비활동은 주어진 문제상황에 대하여 학급 전체의 친구들과 이야기 나누기를 통해 문제를 이해하는 단계이다. 학생들이 주어진 문제에서 제시하고 있는 쓰레기의 1일 발생량에 대해 인식하는지 모둠별로 문제상황에 대해 파악한 내용을 모둠별 학습지에 기입하도록 하였다. 응답한 8개의 모둠 중 문제에서 주어진 쓰레기의 양을 인식하여 표현한 모둠은 5개의 모둠이었는데, 양적 추론의 1단계 수준인 양을 인식하는 수준에 머물고 있음을 살펴볼 수 있었다. 그러나 초기에 교사가 제시한 문제상황으로 그대로 기술한 내용도 담고 있어 학생들이 문제에서 주어진 양을 정확히 인식하였다고는 말하기 어렵다.

활동을 정리하고 발표할 내용을 정리하면서 활동 중에 나타난 수학적 개념 또는 원리를 기술하도록 하는 모델탐색활동 과정에서 5모둠은 여전히 1단계에 머물러 있었다.

2) 양 특징 파악하기

양 특징 파악하기는 양적추론의 2단계로 양이 가지고 있는 속성을 파악하는 단계이다. 아래에서 보여지는 것처럼 수학적 모델링의 모델유도단계에서 여덟 모둠 중 여섯 모둠이, 모델탐색활동에서 세 모둠이 2단계인 양 특징파악하기의 양적추론을 보였다.

모델유도 활동에서는 일정 지역의 초등학교에서 발생가능한 쓰레기양을 예상하기 위한 해결계획을 기술하도록 하였다. 8개의 모둠 중 6개의 모둠이 1인당 쓰레기 발생량을 기준으로 하여 학급당 인원 또는 학교 수를 활용하여 일정 지역의 초등학교에서 발생가능한 쓰레기양을 산출해

내도록 하였다. 이는 문제이해단계인 준비활동에서 문제에서 주어진 양을 인식했던 대부분의 모둠이 양적 추론의 2단계인 양이 가지고 있는 속성, 즉 1인당 쓰레기의 양을 기준으로 초등학교의 쓰레기 발생량을 계산해낼 수 있음을 보여주는 것이라 할 수 있다.

모델탐색활동에서는 활동을 정리하고 발표할 내용을 정리하면서 활동 중에 나타난 수학적 개념 또는 원리를 기술하도록 하였다. 3개의 모둠에서 양이 가지고 있는 속성을 파악한 단계의 응답이 나타났다.

수학적 모델링 단계	양 인식하기에서 나타난 반응	모둠
모델유도활동	서울 강서구 초등학생들의 쓰레기 예상량 : 1.03kg×1237=1274.11, 이것은 하루 분량이고 일주일은 8918.77kg정도로 예상된다.	1
	강서구의 초등학교에서 나오는 쓰레기의 양이 얼마나 나오는지 알아보려면 한 학급에서 얼마나 버리는 지 확인하고 표를 보고 계산 한 후 그래프로 나타낼 수 있다.	2
	우리 모둠은 쓰레기를 약 0.9kg이라고 생각한다. 왜냐하면 우리가 매일 쓰레기를 쓰지도 않고, 버리지 않고 이런 등등 우리가 어른들보다 더 적게 쓰기 때문이다.	3
	강서구에 있는 36개 학교와 1237개 학급에서 나오는 쓰레기 양을 알아보자. 또 나타낸 것은 강서에 학교와 학생수가 많지 않으니 그래프보다 글, 그림, 표 등으로 나타낸다.	6
	일단 우리 학교의 쓰레기양을 계산해보자. 1159×1.03=1193.77이다. 그 다음 우리학교의 학생이 1159명이니까 1193.77을 버리는 경우가 나왔다.	7
	우리반 아이들에게 일주일에 과자나 아이스크림을 얼마나 먹는지 물어봐서 먹는 양을 합해서 양을 예상한다.	8
모델탐색활동	쓰레기 예상 한 후 그래프로 비교하였다. 어떻게 해결했냐하면 학급수와 1인당 쓰레기를 곱하여 구했다. 또한 강서구와 양천구의 초등학교 쓰레기의 양을 막대그래프로 비교하였다.	2
	1일에 1인당 1.03kg의 쓰레기를 버린다. 1인당 1주일 양을 알고 싶을 때, 1.03kg×7일=7.21kg을 알 수 있다. 한 달을 알고 싶을 때, 29일×1.03= , 30일×1.03= , 31일×1.03= , 이런 식으로 곱하기를 하여 쓰레기양을 알 수 있다.	4
	저희는 하루 1인에 쓰레기 배출량이 1.03kg인 걸 알았다. 또 우리 학교의 전체 인원이 1159명이었다. 1.03×1159를 한 결과 1193.77kg이 나왔다. 그러므로 우리 학교의 하루 배출량은 1193.77kg인 걸로 결정되었다.	7

1모둠과 7모둠의 경우는 준비활동에서 쓰레기를 줄이는 방법으로 이해하여 양적추론을 하지 못했으나, 모델유도활동을 하면서 양이 가지고 있는 속성을 파악하기 시작했다. 이외에도 수학적 모델링 준비활동에서 양적추론 1단계였던 2모둠, 3모둠, 6모둠, 8모둠 학생들은 모델유도단계에서 2단계로 양적추론능력이 향상된 것을 볼 수 있다.

3) 양 관계 파악하기

양 관계 파악하기는 양적추론의 3단계로 양들 사이의 관계를 파악하는 단계이다. 아래에서 보여지는 것처럼 수학적 모델링의 모델유도단계에서 여덟 모둠 중 한 모둠만이 3단계인 양 관계를 파악하는 양적추론을 보였다.

모델유도 활동에서는 일정 지역의 초등학교에서 발생가능한 쓰레기양을 예상하기 위한 해결계획을 기술하도록 하였는데, 5모둠의 경우는 시간에 따른 쓰레기 변화량 및 1인당 쓰레기양과 전국 쓰레기양을 비교해봄으로써 각 쓰레기 양들 사이의 관계를 파악하는 양적추론의 3단계를 보여주었다.

<table>
<tr><th>수학적 모델링 단계</th><th colspan="5">양 인식하기에서 나타난 반응</th><th>모둠</th></tr>
<tr><td rowspan="4">모델유도활동</td><td colspan="5">전년도 쓰레기 배출량과 kg, 톤을 알아야 한다.</td><td rowspan="4">5</td></tr>
<tr><td></td><td>2000년도</td><td>2007년도</td><td>2012년</td><td>계산</td></tr>
<tr><td>1인당 쓰레기양</td><td>0.24kg</td><td>0.29kg</td><td>0.5kg 늘었고</td><td>0.30kg</td></tr>
<tr><td>전국 쓰레기양</td><td>11.4톤</td><td>14.5톤</td><td>3.1톤 늘었다.</td><td>17.5톤</td></tr>
</table>

4) 4단계 새로운 양 만들기

새로운 양 만들기는 양적추론의 4단계로 주어진 양을 가지고 새로운 양을 만드는 단계이다. 아래에서 보여지는 것처럼 수학적 모델링의 모델탐색단계에서 여덟 모둠 중 한 모둠만이 4단계인 새로운 양 만들기를 하는 양적추론을 보였다.

모델탐색활동에서 6모둠의 경우는 기존의 1인당 쓰레기발생량 기준인 1.03kg을 초등학생의 기준으로 새롭게 해석하였는데, 학생들이 학교에 있는 시간이 하루 중 일부임을 근거로 하여 이를 토대로 쓰레기 발생량을 계산해 내었다. 이는 양적 추론의 단계에서 주어진 양을 이용하여 새로운 양을 만드는 4단계 유형을 나타내는 것이라 할 수 있다.

수학적 모델링 단계	양 인식하기에서 나타난 반응	모둠
모델탐색활동	하루가 24시간이면 우리가 자는 시간은 어린이니까 보통 7~8시간입니다. 24 −8=16시간, 16시간에서 학교에 있는 시간(5~6시간)을 이용하여 구했다. 그리고 학교에 있는 시간이 16시간의 3분의 1만큼 있어서 1.03kg=1kg÷3 = 350g(대략). 1인당 350g, 정도 된다.	6

〈4단계 : 주어진 양을 가지고 새로운 양 만들기 예시〉

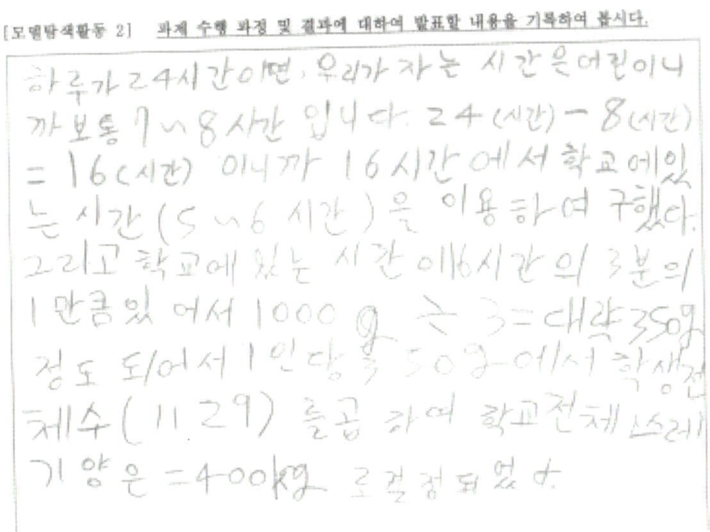
[모델탐색활동 2] 과제 수행 과정 및 결과에 대하여 발표할 내용을 기록하여 봅시다.

하루가 24시간이면, 우리가 자는 시간은 어린이니까 보통 7~8시간 입니다. 24(시간) − 8(시간) = 16(시간) 이니까 16시간에서 학교에있는 시간(5~6 시간)을 이용하여 구했다. 그리고 학교에 있는 시간이16시간의 3분의 1만큼있어서 1000g ÷ 3 = 대략350g 정도 되어서 1인당 350g에서 학생전체수(1129) 를곱하여 학교전체쓰레기 양은 =400kg 으로결정되었다.

5) 5단계 새로운 양과의 관계 파악하기

새로운 양과의 관계 파악하기는 양적추론의 5단계로 주어진 양과 새로운 양의 관계를 파악하는 단계이다. 아래에서 보여지는 것처럼 수학적 모델링의 모델탐색단계에서 여덟 모둠 중 한 모둠만이 5단계인 새로운 양과의 관계 파악하기를 하는 양적추론을 보였다.

모델탐색활동에서 6모둠의 경우는 초등학생들의 1인당 쓰레기 발생량을 350g으로 정한 후 제공된 자료(교육통계자료 - 전국의 학교수, 학급수, 학생수가 기재되어 있는 자료)에 근거하여 종로구, 중구, 강서구 초등학교의 한 달 쓰레기 양을 구한 후 이를 막대그래프로 나타내어 쓰레기 양을 서로 비교하고 있다. 여기에서 더 나아가 발표과정에서 왜 지역마다 쓰레기 양이 다른 지를 묻는 질문에서, 6모둠은 강서구는 초등학생수가 많고, 종로구 및 중구는 초등학생수가 적기 때문이라는 대답을 했다. 하지만 8모둠이 쓰레기양은 상주인구수보다는 유동인구와 관련있는 게 아닐까라는 질문이 이어졌다. 이에 6모둠은 자신들이 작성한 그래프는 초등학교에서 나올 쓰레기 양을 예측한 것이므로 유동인구와는 상관없다고 말했다. 덧붙여 8모둠의 질문이 좋았다며 초등학교의 쓰레기양이 아닌 그 지역의 쓰레기양을 구해야 했다면 반드시 고려해야 할 양이었다고 대답했다.

학생들의 이와 같은 질문과 대답으로 인해 교사가 준비활동에 제시한 시역별 쓰레기양의 차이를 나타낸 그래프를 제공하며 강원도는 인구 수는 많지 않지만, 가장 많은 쓰레기 배출량이 있다는 것을 언급하며 그 이유를 함께 생각해보자고 했다. 이에 아래의 대화문에서 나타나는 것처럼 학생들은 서로간의 토론을 통해 쓰레기의 양을 결정하는 것이 지역별 인구수로만 결정되는 것이 아님을 이해했다. 이러한 발표 및 토론시간을 통해 몇몇 학생들은 5단계의 양적추론 유형을 보였다. 그러나 대다수의 학생들이 양이 가지고 있는 속성을 파악하는 2단계에 머물고 있었다.

모둠	모델탐색활동에서 나타난 학생 반응	분석
6	학교 전체 쓰레기양: 350g×1129명＝400kg 따라서 1인당 350g, 학교 전체는 400kg이다. 초등학생 1인당 하루 쓰레기양을 확인 한 후 이를 활용하여 종로구, 중구, 강서구의 쓰레기 양을 구하고, 이를 그래프를 활용하여 비교하였다.	〈5단계〉 주어진 양과 새로운 양의 관계 파악하기

〈5단계: 양이 가지고 있는 속성 파악하기〉

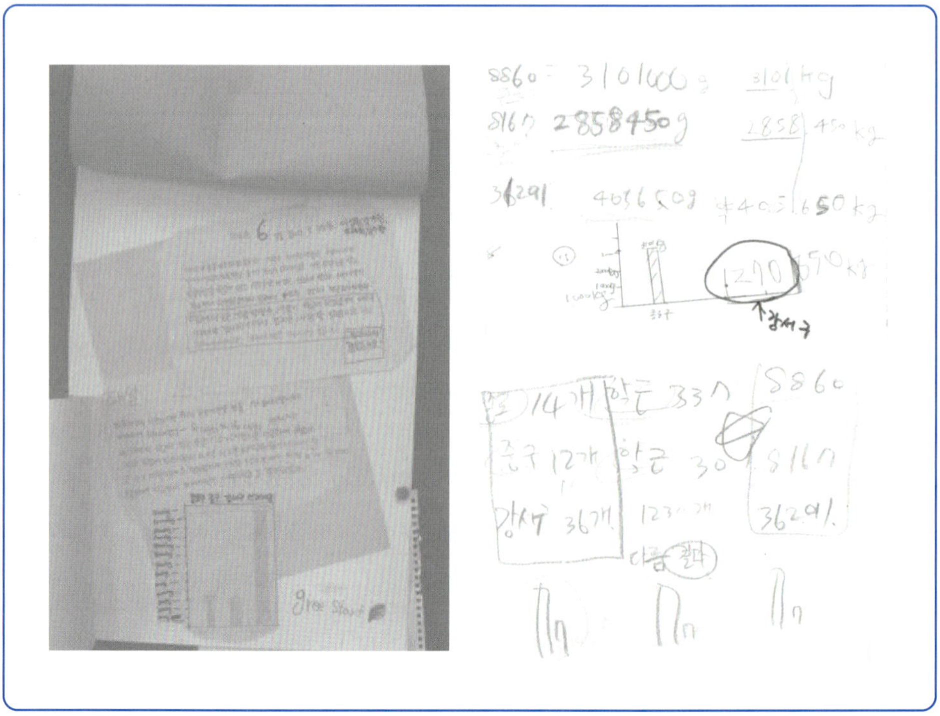

8모둠 학생들 : 강원도는 농사를 많이 짓기 때문에 음식물 쓰레기가 많을 거야. 6모둠 학생들 : 농사를 짓는 곳은 강원도 외에도 전라도, 경상도 등 많아. 하지만 거긴 쓰레기양이 그렇게 많지 않아. 그렇기 때문에 농사를 짓기 때문이라고 말할 수 없어. 5모둠 : 개발이 많이 되고 있고 있어서 아닐까? 6모둠 : 그래, 강원도는 다른 곳보다 관광지가 많아. 그래서 많은 아름다운 곳에 리조트가 지어지고 있고, 관광객이 많아. 그래서 관광객이 버리고 간 쓰레기 양이 엄청 많을 거야. 5모둠 : 그래서 그런 쓰레기양의 차이가 있을 수 있겠다. 앞으로 관광지에서 쓰레기 처리를 잘해야 하겠는걸.

모델적용활동은 모둠별로 발표한 쓰레기 예상량 중에서 가장 적절한 예상량에 대해 의견을 공유하고, 이와 같은 과정을 다른 곳에서 사용할 수 있는 사례를 생각해 보는 활동이다.

학생들은 제공된 1인당 쓰레기 양 1.03kg이 아닌 초등학생들이 학교에서 보내는 시간의 고려를 통해 초등학생들이 학교에서 버리는 1인당 쓰레기양을 350g이라고 예측한 것이 가장 적절하다고 하였다. 그러나 이를 다른 곳에 적용할 예를 찾는 데에 어려움을 느꼈다. 이는 학교수업이 실생활과의 접목을 통한 사고의 폭을 넓힐 필요가 있다는 것을 보여준다. 계속적인 모델링 수업을 통해 주변과 연관 짓고, 관련 자료를 찾고, 이해하여 수학적 개념을 습득할 수 있도록 도울 필요가 있을 듯하다.

양적추론의 변화에서 1단계에서 2단계로의 향상은 보였으나, 5모둠을 제외하곤 5단계까지 이르지 못하고 있다. 이는 아동들의 개인차에 따른 추론 능력의 차이도 있지만, 수학적 모델링의 실시시간의 한계에서 초래된 점도 있을 수 있다. 따라서 앞으로의 연구에서는 보다 장기적인 기간을 계획하여 지속적으로 실시해 볼 필요가 있다.

6) 정리

수학적 모델링의 각 단계에서 나타난 학생들의 양적추론 단계를 보면 아래와 같다. 단, 실생활에서의 다른 상황으로의 적용단계인 모델적용활동의 경우 의미 있는 자료를 얻지 못하여 수학적 모델링 단계 중 준비활동, 모델유도활동, 모델탐색활동의 상황에서 학생들의 양적추론 단계의 변화를 보았다.

양적추론의 변화에서 1단계에서 2단계로의 향상은 보였으나, 5모둠을 제외하곤 5단계까지 이르지 못하고 있다. 이는 아동들의 개인차에 따른 추론 능력의 차이도 있지만, 수학적 모델링의 실시시간의 한계에서 초래된 점도 있을 수 있다. 따라서 앞으로의 연구에서는 보다 장기적인 기간을 계획하여 지속적으로 실시해 볼 필요가 있다.

	준비 활동	모델유도 활동	모델탐색 활동
1모둠		2	
2모둠	1	2	2
3모둠	1	2	
4모둠			2
5모둠	1	3	1
6모둠	1	2	4, 5
7모둠		2	2
8모둠	1	2	

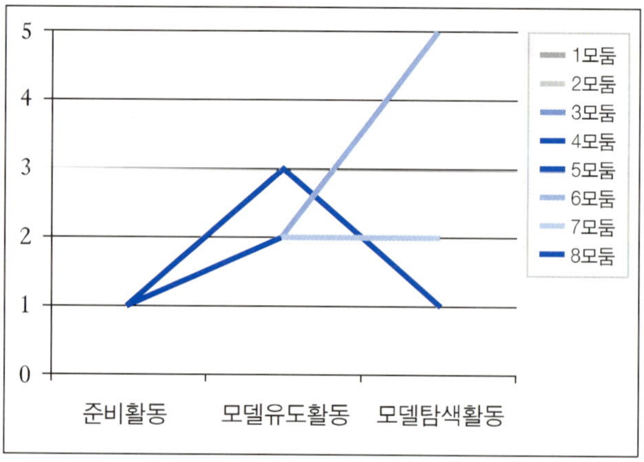

Mathematical Modeling

제9장 5학년 사례

01 5학년 수학적 모델링 실세계 문제 예시

§1. 티셔츠 주문하기

학예회가 다가오고 있습니다. 우리반은 음악 시간에 연습한 리코더로 합주하면서 28명 모두 단체티를 입기로 하였습니다. 내가 학급 회장이라서 아이들의 단체티 개수를 주문하려고 합니다. 몇 군데의 업체를 알아본 결과, 정보는 다음과 같습니다.

	A 업체	B 업체
개당 가격	개당 3500원	개당 4000원 (단, 10장 사면 티셔츠 1장이 무료)
특징	원하는 모양을 넣을 수 있음 (앞면만 넣으면 개당 700원, 앞뒷면을 넣으면 개당 1400원 추가)	색깔을 원하는 것으로 넣을 수 있음(개당 600원 추가)
치수	15호 가슴둘레 75cm-총기장 51cm 16호 가슴둘레 81cm-총기장 53.5cm 17호 가슴둘레 88cm-총기장 58cm 18호 가슴둘레 92cm-총기장 60cm 19호 가슴둘레 96cm-총기장 64cm	14호 가슴둘레 70cm-총기장 49cm 15호 가슴둘레 76cm-총기장 51cm 16호 가슴둘레 79cm-총기장 54.5cm 17호 가슴둘레 87cm-총기장 57cm 18호 가슴둘레 92cm-총기장 60cm 19호 가슴둘레 97cm-총기장 63cm

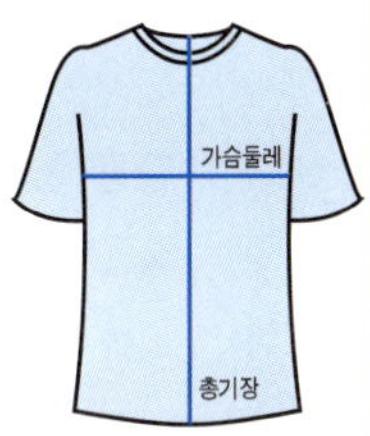

(가슴둘레 : 양쪽 겨드랑이의 끝과 끝, 총기장 : 뒷목점에서 밑단끝까지)

색깔을 넣거나, 모양을 넣는 등의 두 가지 옵션 중 반드시 하나가 들어가서 우리반의 만족도를 높여야 하면서도, 이 중 가장 저렴하여 가격경쟁력도 있는 단체티를 선택하여 주문해볼까요?

§2. 칼로리 지킴이
휴일을 맞아 친척들과 물놀이를 떠났습니다. 건강을 위해서 물놀이를 하여 소비한 칼로리만큼만 간식으로 먹고자 합니다. 걷기 1시간, 빨리 걷기 1시간, 수영을 1시간 가량 한다면 나는 어떤 음식을 먹을까요? (단 자신의 몸무게를 고려하여 건강을 유지하기 위해서 간식으로 먹는 칼로리의 합이 운동 칼로리의 합을 넘어서면 안됩니다. 또한 비타민 섭취를 위해서 과일을 먹는 것 잊지 않았죠?)

§3. 무늬의 변신(테셀레이션)
우리학교가 자매결연을 맺은 외국 초등학교를 한국으로 초청하였습니다. 초청 당일에 옆 반은 전통무용을 배워 발표회를 갖고 우리반은 전시회를 열기로 했습니다. 테셀레이션을 사용하여 미리 전체적인 무늬를 살펴본 후, 우리나라 전통무늬가 들어간 조각보나 쿠션, 식탁보, 무릎이불을 만들어봅시다.

§4. 박스 만들기
아직도 시골의 학교에서는 책, 컴퓨터 등이 많이 부족하다는 신문 기사를 읽고 전교어린이회의에서 학교가 필요한 것을 기부물품으로 보내주는 '스쿨 업그레이드, 학교를 풍요롭게'라는 캠페인에 참여하자고 의견을 모았습니다. 우리반이 앞장서서, 각자 집에서 인상깊고 좋은 책이지만 여러 번 읽어서 안보는 책들을 모았더니 A4 크기 정도의 책들은 두께가 약 20cm(총 18권), B5 크기 정도의 책들을 쌓아보니 약 22cm 정도(총 32권) 되었습니다. 책을 넣을 수 있는 상자를 빈틈없이 잘라서 효율적으로 만들려고 합니다. 상자를 만들기 전에 전지(가로 788mm, 세로 1091mm)에 대고 전개도를 미리 그려서 본을 만들어봅시다. 단, 전지 안에 그릴 수 있어야 하며, 밖으로 삐져나오면 안됩니다.(A4 크기 21cm×29cm, B5 크기 18cm ×25cm)

§5. 장갑 디자이너

★★ 장갑디자이너로 유명한 당신과 당신동료는 때때로 야구선수들을 위한 딱 맞는 장갑을 만들어 달라는 주문을 받을 때도 있답니다. 야구선수 박찬호가 당신에게 그의 손에 딱 맞는 장갑 한쌍을 만들어 달라는 부탁을 하는군요. 그는 그의 손의 모양을 따라 그린 종이를 주었답니다. 당신이 이러한 주문용 장갑을 만들 때 한짝의 경우, 앞・뒷면을 합쳐서 1cm^2당 100원을 받기로 하였습니다. 정확하게 박찬호 선수의 장갑 두짝을 만든다면 장갑 두짝의 가격은 얼마가 되는지 알아봅시다.

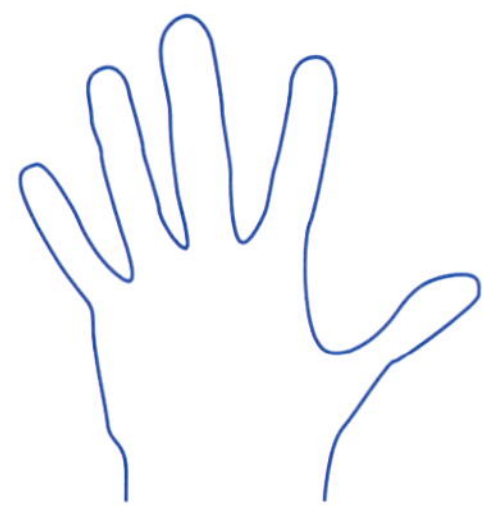

〈김민경(2004). 넓이관련 열린문제에 관한 문제해결과정 분석, 수학교육 43(3). p282 인용〉

※특수제작 장갑으로 손의 두께나 손목 부분 넓게 제작할 필요없음.

§6. 배낭여행

2010년 FIFA 월드컵은 남아프리카 공화국에서 개최됩니다. 우리 모둠은 우리나라의 월드컵 예선 경기를 응원하기 위해 배낭여행을 떠나기로 하였습니다. A조에서 H조까지 8개의 조에 각 4개의 나라가 출전하여 총 32개의 나라가 참여합니다. 각 조마다 예선 경기는 나라당 3번 이루어지고 승률 점수에 따라서 예선 각조의 4개의 국가들 중 2개의 국가만이 16강에 진출합니다. 우리나라 예선 경기 일정은 다음과 같습니다.

시간	예선 상대 국가	장소
6월 12일(토) 오후 7 : 30	대한민국 VS 그리스	넬슨 만델라 베이 스타디움
6월 17일(목) 오후 7 : 30	대한민국 VS 아르헨티나	사커 시티 스타디움
6월 23일(수) 오후 7 : 30	대한민국 VS 나이지리아	더반 스타디움

배낭여행에 들어갈 경비들을 생각해봅시다(한사람 기준). 남아프리카공화국으로 취항하는 비행기는 현재 3군데이며 축구 경기장 인근 숙소는 하루에 2인 기준으로 10만원 정도이며(1인까지 추가될 수 있으며 가격은 3만원), 식비는 한끼당 1만원 내외를 정하였습니다.

	캐세이퍼시픽 항공	사우트아프리카 항공	싱가폴 항공
스케줄	① 서울 ⇨ 홍콩 (19 : 45 출발, 22 : 35도착) ② 홍콩에서 10시간 15분 대기 ③ 홍콩 ⇨ 요하네스버그 (8 : 50 출발 16 : 10 도착)	① 서울 ⇨ 홍콩 (19 : 40 출발, 22 : 20 도착) ② 홍콩에서 1시간 30분 대기 ③ 홍콩 ⇨ 요하네스버그 (23 : 50 출발 07 : 10 도착)	① 서울 ⇨ 싱가폴 (16 : 15 출발, 21 : 45 도착) ② 싱가폴에서 9시간 15분 대기 ③ 싱가폴 ⇨ 요하네스버그 (07 : 00 출발, 11 : 45 도착)
가격	왕복 117만 6천원(체류기간 3개월), 137만 2천원(1년)	왕복 137만 2천원(체류기간 1년)	왕복 107만 8천원(체류기간 3개월), 156만 8천원(1년)

위의 경비를 오늘의 환전 시세로 바꾸어봅시다. A, B, C은행의 환전시세와 수수료는 다음과 같습니다.

	환전 시세	비고
A 은행	한국 1000 원 =남아프리카 공화국 6.59 란드	
B 은행	한국 1000 원 =남아프리카 공화국 6.85 란드	잃어버릴 위험 없이, 당일 공항에서 남아프리카 공화국 돈을 찾을 수 있음
C 은행	한국 1000 원 =남아프리카 공화국 6.91 란드	단체 4명 이상의 경우, 여행자 보험 무료

또한 학교에서는 1주일 이내의 여행(공휴일 포함)은 체험학습으로 인정하여 출석처리가 가능하다고 합니다. 자, 배낭여행을 떠나볼까요?

§7. 카드섹션

이번 가을 운동회는 다른 학교와 경기를 하기로 하였습니다. 그래서 전교생이 모두 참여할 수 있는 응원을 준비하기로 하였습니다. 토의 결과, tv에서 본 카드섹션을 준비하기로 결정하였습니다. 이를 위해 먼저 멋진 카드섹션을 위해 '카드섹션 디자인 계획안'을 만들어야 합니다. 선생님께서는 '카드섹션 디자인 공모전'을 개최하고 가장 멋진 디자인을 제작하여 발표하는 모둠의 디자인을 선정하기로 하였습니다. 그리고 이것을 '전국 카드섹션 디자인 공모전'에도 출품하기로 하였습니다.

[공모전 TIP]

- 카드섹션 디자인이 복잡하면 이를 연습하는데 오랜 시간이 필요하므로 규칙적인 무늬가 반복되도록 하면 유리합니다.
- 오른쪽 디자인은 학교 꽃(교화)인 장미를 형상화한 무늬입니다. 오른쪽 무늬는 9명의 친구들이 만든 카드섹션 도안입니다. 1000명 이상의 전교생이 참여하고자 할 때 이 모양이 변형되지 않도록 하는 방법을 생각해봅시다.
- 공모전 심사에 자신의 작품이 유리하도록 자신만의 색, 모양, 수의 규칙을 찾고 설명할 수 있도록 준비하면 좋습니다.

02 5학년 수학적 모델링 프로그램의 실제

<table>
<tr><td>모델링 제목</td><td colspan="2">칼로리 지킴이</td><td>학년/학기</td><td>5학년 1학기</td></tr>
<tr><td>모델링 내용</td><td colspan="4">음식으로 먹는 칼로리와 운동으로 소비하는 칼로리 조절하기</td></tr>
<tr><td rowspan="2">단원 및 영역</td><td>주단원명</td><td>8. 문제 푸는 방법 찾기
(규칙성과 문제해결)</td><td rowspan="2">수학원리</td><td rowspan="2">문제 푸는 방법 찾기</td></tr>
<tr><td>부단원명</td><td>1. 소수의 곱셈(수와 연산)</td></tr>
<tr><td>학습목표</td><td colspan="2">실생활에 관련된 문제를 해결할 수 있다.</td><td>학습자료</td><td>계산기 등</td></tr>
<tr><td>수학적 모델링 과정</td><td colspan="4">교수 · 학습 활동 내용 및 수업의 전개</td></tr>
<tr><td>실세계 문제</td><td colspan="4">◈ 준비활동(학급 전체 토의)

1) 동기유발 및 과제 제시
- 학습자의 실세계 맥락과 연계된 수학적 모델링 과제를 제시

★★휴일을 맞아 친척들과 물놀이를 떠났습니다. 건강을 위해서 물놀이를 하여 소비한 칼로리만큼만 간식으로 먹고자 합니다. 걷기 1시간, 빨리 걷기 1시간, 수영을 1시간 가량 한다면 나는 어떤 음식을 먹을까요? (단 건강을 유지하기 위해서 간식으로 먹는 칼로리의 합이 운동 칼로리의 합을 넘어서는 안 됩니다. 또한 비타민 섭취를 위해서 과일을 먹는 것 잊지 않았죠?)

2) 문제 상황 확인
- 주어진 문제 상황의 내용 알아보기, 문제에 주어진 정보 확인하기</td></tr>
<tr><td>모델</td><td colspan="4">◈ 모델유도활동(소그룹 활동)

1) 문제 상황의 관찰, 이해 및 단순화[모델유도활동 1]
- 문제해결을 위해 활용해야 할 정보를 선택하기
- 문제 상황을 단순화하여 문제 해결을 위해 해야 할 일 생각해보기

2) 모델 형성
- 문제를 해결하기 위해서는 어떤 전략을 사용하여야 하며, 어떤 과정을 거쳐야 할지 계획하고 기록하기[모델유도활동 2]
- 정보수집하기
☞ 자신의 몸무게를 이용하여 과제 수행에 필요한 정보를 수집하는데 사용한 방법, 정보에 대한 조사·수집 과정 및 결과들을 기록하기[모델유도활동 3]</td></tr>
</table>

모델

- 조사된 정보수집 결과를 바탕으로 활동지 수행하기

☞ 학습 과정에서 수행한 여러 가지 활동들의 순서 및 내용 기록하기[모델유도활동 4]

	시간당 칼로리 소비(체중 1kg인 경우)
걷기	3.52
빨리 걷기	5.28
수영	7.70

- 음식의 칼로리

음식	수량	칼로리	음식	수량	칼로리
치즈크러스트피자	1조각	540kcal	치킨버거	1개	441kcal
햄치즈샌드위치	1개	564	프라이드치킨	1조각	420
감자튀김	1봉지	220	비스킷	1통(8개)	300
도넛	1개(60g)	250	소보로빵	1개(60g)	200
애플파이	1개(30g)	125	초콜렛	1개(60g)	100
콜라	1캔	97	딸기쉐이크	1컵	296
수박	1쪽(200g)	50	방울토마토	1개	20
키위	1개(100g)	46	참외	1개(200g)	70

수학적 결론

◈ 모델탐색활동(프리젠테이션)

- 활동 정리하기[모델탐색활동 1]

☞ 실생활에 위의 문제를 비추어 생각해보고 문제를 실제로 어떤 순서로, 어떻게 해결하였는지 문제해결과정을 되돌아보고, 과제 수행에 활용된 수학적 개념, 원리, 법칙에 대해 기록하기

- 발표 준비하기[모델탐색활동 2]

☞ 모둠별로 과제 수행 과정 및 결과에 대하여 발표할 내용 기록하기

- 모둠별로 개발한 모델을 발표하기

☞ 모둠별로 완성한 모델에 대하여 발표하기

- 다른 모둠들이 완성한 모델에 포함된 수학적 개념, 원리, 법칙 찾기[모델탐색활동 3]

모델 적용

◈ 모델적용활동(학급 전체 토의)

- 모둠별 설계도 중에서 가장 적절한 모델에 대하여 의견을 공유하고, 더 좋은 방법이 있을지에 대해 이야기 나누기[모델적용활동 1]
- 우리반의 급식을 먹은 후, 이 칼로리를 소비하게 위해서 어떤 운동을 얼만큼 하면 건강에 좋을지에 대하여 의견을 나누고, 과제를 수행하는 과정에서 사용했던 방법을 활용할 수 있는 다른 사례 찾아보기[모델적용활동 2]

5-가 활동 개요 칼로리 지킴이

5학년 반 ( )모둠
모둠원 : ( )

※ 다음의 문제 상황을 읽고, 문제를 해결하여 봅시다.

★★휴일을 맞아 친척들과 물놀이를 떠났습니다. 건강을 위해서 물놀이를 하여 소비한 칼로리만큼만 간식으로 먹고자 합니다. 걷기 1시간, 빨리 걷기 1시간, 수영을 1시간 가량 한다면 나는 어떤 음식을 먹을까요? (단 자신의 몸무게를 고려하면서 건강을 유지하기 위해 간식으로 먹는 칼로리의 합이 운동 칼로리의 합을 넘어서는 안 됩니다. 또한 비타민 섭취를 위해서 과일을 먹는 것 잊지 않았죠?)

	시간당 칼로리 소비(체중 1kg인 경우)
걷기	3.52
빨리 걷기	5.28
수영	7.70

〈음식 칼로리〉

음식	수량	칼로리	음식	수량	칼로리
치즈크러스트피자	1조각	540kcal	치킨버거	1개	441kcal
햄치즈샌드위치	1개	564	프라이드치킨	1조각	420
감자튀김	1봉지	220	비스킷	1통(8개)	300
도넛	1개(60g)	250	소보로빵	1개(60g)	200
애플파이	1개(30g)	125	초콜렛	1개(60g)	100
콜라	1캔	97	딸기쉐이크	1컵	296
수박	1쪽(200g)	50	방울토마토	1개	20
키위	1개(100g)	46	참외	1개(200g)	70

※ 문제를 해결하면서 수행과제를 완성해봅시다.

과정	활동내용	활동형태
준비 활동	• 주어진 문제 상황에 대하여 학급 전체의 친구들과 이야기를 나누기	학급전체 토의
모델 유도 활동	• 문제 상황을 정리하여 활동지에 기록하기 • 어떤 음식을 선택할지 어떠한 정보들을 알아야 하며, 필요한 각각의 정보들을 어떤 방법으로 수집해야 할지 기록하기 • 문제를 어떤 순서로, 어떻게 해결하면 좋을지 문제해결에 대한 과정 및 전략에 대한 계획을 세우고 기록하기 • 정보수집하기–과제 수행에 필요한 정보를 수집하는데 사용한 방법, 정보에 대한 조사 • 수집 과정 및 결과들을 기록하기(자신의 몸무게를 생각하면서 건강을 유지하기 위한 방법 고려하기) • 조사된 정보수집 결과를 바탕으로 여러 가지 활동들의 순서 및 내용 기록하기	소그룹 활동
모델 탐색 활동	• 활동 정리하기–문제를 어떤 순서로 어떻게 해결하였는지 되돌아보고, 문제해결과정에 사용된 수학적 개념/원리/법칙 기록하기 • 발표 준비하기–모둠별로 과제 수행 과정 및 결과에 대하여 발표할 내용 기록하기 • 모둠별로 완성한 활동지에 대하여 발표하기 • 각 모둠에 포함된 수학적 개념, 원리, 법칙 찾기	프리젠테이션
모델 적용 활동	• 모둠별 문제 해결 방법 중에서 가장 적절한 방법에 대하여 의견 나누고, 더 좋은 방법이 있을지에 대해 이야기 나누기 • 변화된 상황(우리반 급식을 먹은 후, 이 칼로리를 소비하기 위해서 어떤 운동을 얼만큼 해야 건강을 유지할 수 있을지) 과제를 수행하는 과정에서 사용했던 방법을 활용할 수 있는 사례 찾아보기	학급전체 토의

5-가 활동지 1	칼로리 지킴이	5학년 반 ( )모둠 모둠원 : ( )

[준비활동] 주어진 문제 상황의 내용을 정리하여 봅시다.

[모델유도활동 1] 문제에 제시된 정보들을 확인하고, 문제 해결을 위해 활용해야 할 정보와 새로 수집해야 할 정보들에 대하여 기록해 봅시다.

5-가 활동지 2	칼로리 지킴이	5학년 반 ( )모둠 모둠원 : ( )

[모델유도활동 2] 문제를 어떤 순서로, 어떻게 해결하면 좋을지 문제해결에 대한 과정 및 전략에 대한 계획을 세워 봅시다.(누가 어떤 역할을 맡을 것인지도 기록해 봅시다.)

문제 해결 계획	
역할 분담	

[모델유도활동 3] 정보수집하기-과제 수행에 필요한 정보를 수집하는데 사용한 방법, 정보에 대한 조사・수집 과정 및 결과들을 기록해 봅시다.

정보수집 방법	정보수집 과정	정보수집 결과

5-가 활동지 3	칼로리 지킴이	5학년 반 ( )모둠 모둠원 : ( )

[모델유도활동 4] 음식선택을 생각하는 과정에서 수행한 여러 가지 활동들의 순서 및 내용을 기록하여 봅시다.

음식 선택 방법 및 순서	
실제로 선택한 음식들(내용)	

5-가 활동지 4	칼로리 지킴이	5학년 반 ( )모둠 모둠원 : ( )

[모델탐색활동 1] 문제해결과정을 되돌아보고, 문제해결과정에 사용된 수학적 개념, 원리, 법칙에 대하여 기록해봅시다.

5-가 활동지 5	칼로리 지킴이	5학년 반 ( )모둠 모둠원 : ( )

[모델탐색활동 2] 과제 수행 과정 및 결과에 대하여 발표할 내용을 기록하여 봅시다.

5-가 활동지 6	칼로리 지킴이	5학년 반 ( )모둠 모둠원 : ( )

[모델탐색활동 3] 다른 모둠들이 완성한 구상도에 포함된 수학적 개념, 원리, 법칙을 찾아보고, 기록하여 봅시다.(자신의 모둠에 대해서는 활동에 대한 반성도 함께 써봅시다.)

모둠명	적용된 수학적 개념, 원리, 법칙

5-가
활동지 7

칼로리 지킴이

5학년 반 ( )모둠
모둠원 : ( )

[모델적용활동 1] 모둠 중에서 가장 적절한 음식선택에 대하여 기록하고, 더 좋은 방법이 있을지에 대하여 생각해 봅시다.

[모델적용활동 2] 실제 우리반에서 점심시간에 먹는 급식 식단을 이용하여 이의 칼로리를 소비하여 건강을 유지하기 위해 개발된 모델을 어떻게 활용할 것인지에 대하여 생각해보고, 과제를 수행하는 과정에서 사용했던 방법을 활용할 수 있는 다른 사례 혹은 상황을 찾아봅시다.

03 5학년 수학적 모델링 프로그램의 적용 사례

수학적 모델링 학습과정에서 나타나는 문제해결전략의 유형 분석

수학적 모델링 문제상황을 적용한 규칙성과 문제해결 영역의 음식과 칼로리 프로그램이 이루어지는 동안 학생들이 나타내는 학습 과정을 분석하기 위해서 학습자의 활동 내용과 연구자의 관찰 내용이 분석되었다. 학습자들의 활동 분석은 학습이 이루어지는 동안 산출된 학습자의 활동 결과물(수학 일지, 모둠별 학습지)과 교사의 관찰 내용을 바탕으로 이루어졌다. 학생들의 학습 과정은 다음과 같은 분석 기준 및 내용에 따라 분석되었으며, 이 분석 결과에 따라 학습 과정에서 학생들에게 빈번하게 나타나는 수학문제해결전략을 찾아보았다.

〈표 9-1〉 본 연구에 사용된 분석기준

	문제해결전략		문제해결전략
Polya (1957)	· 그림그리기 · 규칙성 찾기 · 거꾸로 풀기 · 추측하고 확인하기 · 모든 가능성을 목록화하기 · 특정한 수치나 경우를 시도해보기 · 동치 문제를 만들기 · 문제를 단순화하기	2007년 개정 교육과정	· 그림그리기 · 규칙성 찾기 · 거꾸로 풀기 · 예상하고 확인하기 · 식 세우기 · 표 만들기

수학적 모델링에 대한 수업을 받은 여섯 모둠의 수업 단계에 따른 문제해결전략을 살펴보면 준비단계, 모델유도단계, 모델탐색단계, 모델적용단계에서 다양한 전략들이 뚜렷하게 사용되었음을 살펴볼 수 있다. 이는 단 하나의 전략으로 해결해야 하는 과제가 아닌, 여러 가지 접근을 통해서 문제를 탐구할 수 있었음을 알 수 있다. 즉 수학적 모델링을 활용한 수업이 진행되는 동안 학습자들은 실세계의 여러 상황들을 연구하면서 스스로 수학적 개념이나 원리, 법칙 등을 학습하게 됨으로써 문제해결전략을 다양하게 탐구하는 과정을 거치게 되었다.

수학적 모델링 수업을 받은 여섯 모둠 가운데 문제해결전략이 뚜렷하고 다양하게 나타난 1, 3, 5 모둠을 중심으로 준비활동, 모델유도활동, 모델탐색활동, 모델적용활동 등 4단계에서 나타나는 문제해결전략을 모둠별 학습지에서 살펴보았으며, 이 학생들의 수학일지도 분석하였다. 이를 표로 제시하면 다음과 같으며 무응답이라는 표시는 해당 모둠에서 해당 단계에 학습이 이르지 못한 상태를 의미한다.

〈표 9-2〉 모둠별 문제해결전략

	1모둠	2모둠	3모둠
준비단계	- 예상하고 확인하기 - 표 만들기	- 예상하고 확인하기	- 목록화하기
모델유도단계	- 특정 경우 시도해보기	- 특정 경우 시도해보기	- 예상하고 확인하기
모델탐색단계	- 식 세우기 - 규칙성 찾기	- 식 세우기	- 식 세우기
모델적용단계	- 예상하고 확인하기	- 예상하고 확인하기	(무응답)
	4모둠	5모둠	6모둠
준비단계	- 예상하고 확인하기	- 문제를 단순화하기	- 예상하고 확인하기
모델유도단계	- 식 세우기	- 식 세우기	- 특정 경우 시도해보기 - 예상하고 확인하기
모델탐색단계	- 식 세우기	- 식 세우기	- 식 세우기
모델적용단계	- 식 세우기	(무응답)	- 식 세우기

(1) 1모둠의 문제해결전략

1) 준비단계-예상하고 확인하기, 표 만들기

모둠별 학습지	문제해결에 필요할 것 칼로리가 가장 많음 음식은 피자이고 칼로리가 가장 낮은 음식은 야채 종류일 것이다. 칼로리가 많은 것을 먹으면 살이 찔 수 있으므로 이 칼로리를 고려하면서 살펴봐야겠다.

[그림 9-1] 예상하고 확인하기 유형

[그림 9-1]의 사례는 주어진 음식들의 다양한 칼로리 중 피자와 야채 종류의 칼로리를 예상하여 문제의 조건에 맞는지 확인해보는 방법으로 처음의 예상과 틀려서 새로운 예상으로 나아가서 또 문제의 조건에 맞는지 확인해보는 과정을 볼 수 있다. 주어진 문제상황에 대하여 학급 전체의 친구들과 이야기를 나눈 후, 합리적인 추측을 해보고 그 결과를 검토해 봄으로써 문제를 해결하는 방법으로 이러한 과정들이 바른 연산으로 반복이 되면 정답에 이를 수 있을 것이다.

수학일지	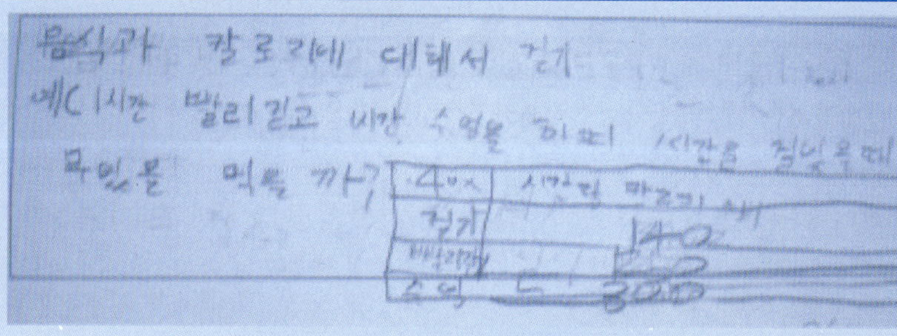

[그림 9-2] 문제해결전략-표 만들기 유형

또한 [그림 9-2]의 사례는 학습자가 주어진 조건을 표로 나타냄으로써 해답을 찾는데 도움을 얻는 방법으로 표 만들기 전략이 사용되었다. 걷기, 빨리 걷기, 수영 등의 운동에서 시간당 소요되는 칼로리를 표로 나타내어 봄으로써 학생 자신의 몸무게에 해당하는 칼로리를 시각적으로 한 눈에 볼 수 있도록 나타내었을 뿐만 아니라, 수학적 모델링의 문제에서 주어진 여러 가지 자료의 구성요소를 정리하는 수단으로 표 만들기 유형을 이용하였다.

2) 모델유도단계-특정 경우를 시도해보기

모델 유도활동1	수영은 30분, 걷기는 2시간, 빨리 걷기는 1시간, 쉬기는 30분으로 하여 운동을 한다. 또한 파인애플과 복숭아, 김밥, 강냉이 등을 인터넷으로 검색하여 칼로리를 찾거나 책에서 칼로리가 몇 인지 살펴보아야겠다.
모델 유도활동2	파인애플, 김밥, 각종 과일은 인터넷이나 책에서 찾아 본다. 내가 어느 정도 할 수 있을 만큼의 운동 계획을 짜는 것이다. 이에 따라 먹는 음식을 정해야 한다.
모델 유도활동3	칼로리를 검색해보았더니 강냉이는 1개에 178kcal, 파인애플은 1통에 174kcal, 복숭아는 1개에 110kcal, 김밥은 500kcal가 나왔다.
모델 유도활동4	운동을 앞에서처럼 하고, 음식을 먹을 때는 칼로리가 낮은 음식은 수박, 키위, 방울토마토가 있었고 칼로리가 높은 음식에는 강냉이, 파인애플, 복숭아, 김밥 등이 있어서 이를 선택한다.

[그림 9-3] 특정 경우를 시도해보기 유형

[그림 9-3]의 사례는 3가지 운동의 특정한 경우를 가져와서 문제해결과정을 진행하였다. 어떤 음식을 선택할지 어떠한 정보를 알아야 할지 어떤 방법으로 수집해야 할지 기록하였다. 모델유도활동1에서는 문제에 제시된 정보를 확인하고 문제해결을 위해 활용해야 할 정보를 기록하였

고, 모델유도활동2에서는 문제해결에 대한 과정 및 전략에 대한 계획을 세웠다. 또한 모델유도활동3에서는 필요한 정보를 수집하는 데 사용한 방법, 정보에 대한 조사와 수집 과정 및 결과들을 기록하였으며, 모델유도활동4에서는 음식 선택을 생각하는 과정에서 수행한 여러 가지 활동 순서 및내용을 기록하였다. 이 모둠에서는 문제에서 제시된 것 이외에 파인애플, 복숭아, 강냉이 등 실제 생활에서 잘 먹는 것이나 먹고 싶은 것을 인터넷이나 책을 찾아 문제를 해결하였다.

3) 모델탐색단계-식 세우기, 규칙성 찾기

모둠 학습지	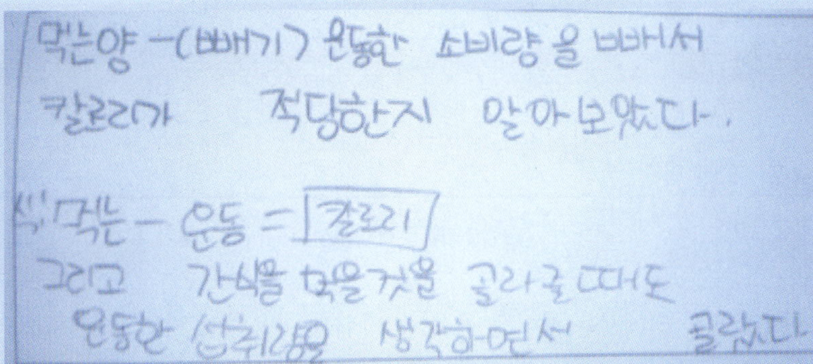 먹는양 -(빼기) 운동한 소비량을 빼서 칼로리가 적당한지 알아보았다. 식) 먹는 - 운동 = 칼로리 그리고 간식을 먹을것을 골라줄 때도 운동한 섭취량을 생각하면서 골랐다
수학 일지1	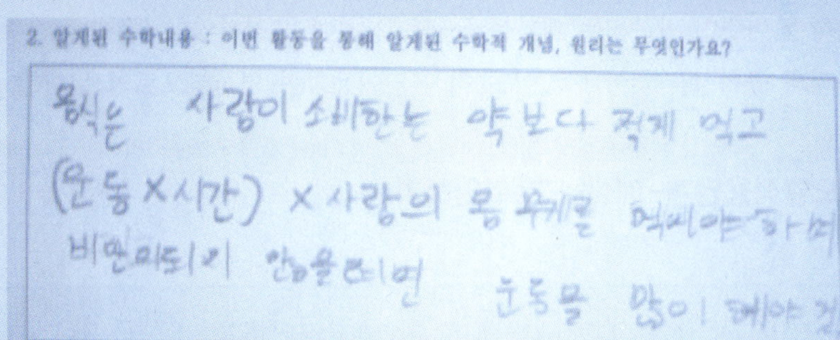 2. 알게된 수학내용 : 이번 활동을 통해 알게된 수학적 개념, 원리는 무엇인가요? 음식은 사람이 소비한는 양보다 적게 먹고 (운동×시간) × 사람의 몸 무게를 먹어야 하며 비만이 되지 않을려면 운동을 많이 해야 겠
수학 일지2	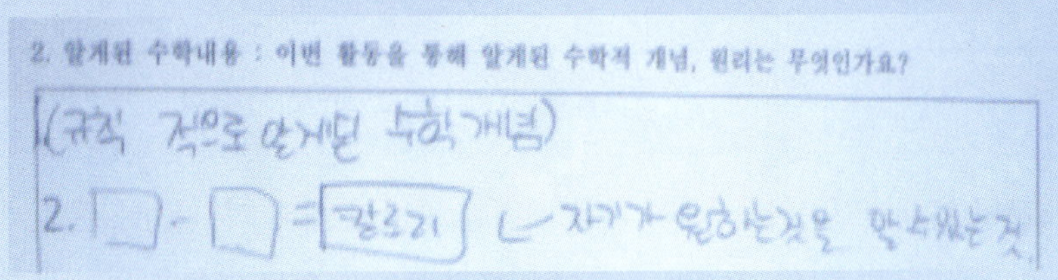 2. 알게된 수학내용 : 이번 활동을 통해 알게된 수학적 개념, 원리는 무엇인가요? (규칙 적으로 알게된 수학개념) 2. □ - □ = 칼로리 ← 자기가 원하는것을 알 수있는 것

[그림 9-4] 문제해결전략- 식세우기 유형

[그림 9-4]에서는 수학적 모델링을 활용한 수업을 통해 알게 된 수학 내용을 쓰는 모둠별 학습지와 수학 일지에서 문제해결전략을 살펴보았다. 활동을 정리하면서 문제를 어떻게 해결하였는지 문제해결과정에 사용된 수학적 개념, 원리, 법칙을 기록하였다. 학생들은 자신의 몸무게를 기준으로 각 운동에서 걸렸던 시간을 곱한 후 이를 계산하거나, 학생이 음식을 통해 먹는 양에서 운동한 양을 뺀 식으로 칼로리를 연산하였다.

수학일지 3

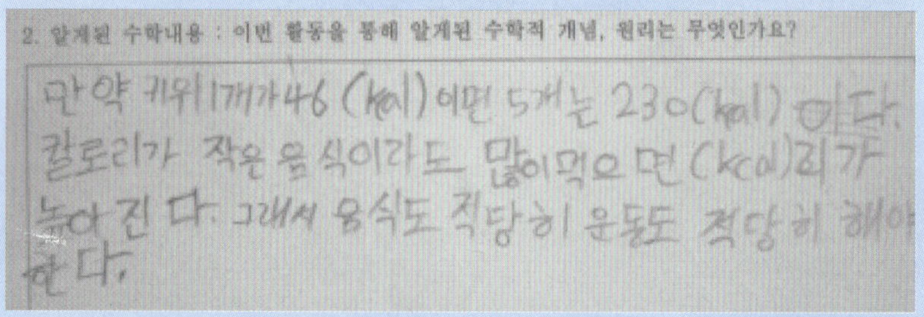
2. 알게된 수학내용 : 이번 활동을 통해 알게된 수학적 개념, 원리는 무엇인가요?

만약 키위1개가46 (kal)이면 5개는 230(kal)이다. 칼로리가 작은 음식이라도 많이먹으면 (kcal)리가 높아진다. 그래서 음식도 적당히 운동도 적당히 해야 한다.

[그림9-5] 문제해결전략-규칙성 찾기 유형

또한 [그림 9-5]에서는 주어진 음식 중 키위를 이용하여 키위 1개의 칼로리에서 5개의 칼로리에 대한 규칙성을 발견하고 그 규칙성을 문제해결에 이용한 모습을 살펴볼 수 있다. 하나에서 출발하여 이것이 반복되는 개념을 곱셈을 통하여 표현하였다. 문제에서 주어진 조건에서 키위 칼로리의 규칙성을 찾아내고 이 규칙성을 이용하여 연산함으로써 문제를 해결하였다.

4) 모델적용단계-예상하고 확인하기

오늘 먹을 급식에서 칼로리는 632.5니까 친구들과 공놀이 하는데 쓰이는 칼로리를 생각하면 될 것이다. 3시간 동안 하면 칼로리의 양은 640.5칼로리니까 적당할 것이다.

[그림 9-6] 예상하고 확인하기 유형

모둠별 문제해결 방법 중에서 가장 적절한 방법에 대해 의견을 나눈 후, 변화된 상황 즉 오늘 우리반 급식을 먹은 후, 이 칼로리를 소비하기 위해서 어떤 운동을 얼마만큼 해야 건강을 유지할 수 있을지 생각하는 과제를 예상하고 확인하기 유형으로 수행하였다. 이를 위해 학교 홈페이지에 들어가서 학교소식지에 있는 급식표에서 칼로리를 찾은 후, 이를 소비하기 위해서 3시간 동안 운동하여 소비되는 양을 640.5kcal라고 예상을 하였다.

(2) 3모둠의 문제해결전략

1) 준비단계-목록화하기

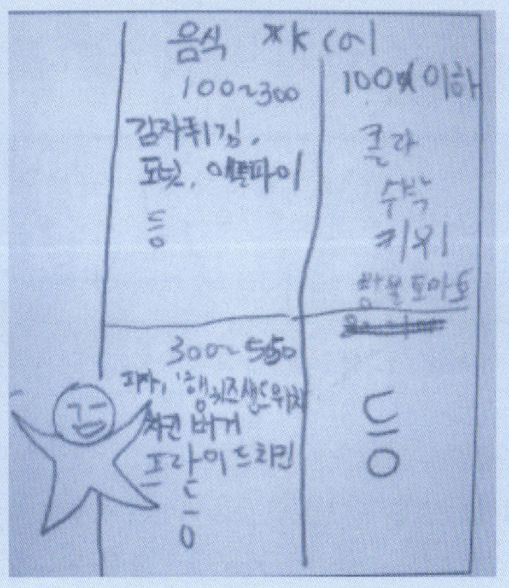

[그림 9-7] 문제해결전략-목록화 유형

[그림 9-7]의 사례는 걷기, 빨리 걷기, 수영 등의 운동에서 소요되는 칼로리를 자신의 몸무게에 해당하는 칼로리로 구분하여 나타내고 이 칼로리를 100kcal, 100~300kcal, 300kcal 이상의 3가지 항목으로 분류하여 목록화한 유형이다. 수학적 모델링 문제에서 몸무게 kg당 소비되는 운동이 걷기, 빨리 걷기, 수영 등으로 모두 다르고, 주어진 음식이 많아서 칼로리가 매우 다양해짐에 따라 이를 3가지 목록으로 구분한 모습을 볼 수 있다. 주어진 칼로리를 학생 스스로 수립한 3개의 부분적인 항목으로 나타내어 이를 문제에 목록화하였다.

2) 모델유도단계-예상하고 확인하기

> 인터넷에 검색하여 여태까지 계획한 내용들을 찾아본다. 비타민 섭취를 위해서 과일을 섭취하고 찾은 음식들의 칼로리를 합할 것이다. 그리고 운동 칼로리 소비량보다 적은 음식을 선택할 것이다. 운동 칼로리 소비량이 500kcal면, 음식 칼로리가 500kcal보다 낮아야 할 것이다.

[그림 9-8] 예상하고 확인하기 유형

[그림 9-8]의 사례는 운동에서 소비되는 칼로리와 음식으로 얻어지는 칼로리의 양을 포괄적으로 예상하는 전략이 사용되었다. 또한 과일을 섭취해야 한다는 문제의 조건에 맞는지 살펴보는 방법으로 위에 제시된, 처음의 계획에서 운동과 음식에 대한 칼로리를 예상하고 이를 확인해보는 방법으로 인터넷을 사용하였다.

3) 모델탐색단계-식 세우기

비만 : 먹는 양 > 운동 소비량 정상 : 먹는 양 = 운동 소비량, 먹는 양 < 운동 소비량
그러므로 운동소비 칼로리 양은 862.4가 나오므로 음식 칼로리가 이에 같거나 적어야 한다.

[그림 9-9] 식 세우기 유형

[그림 9-9]의 사례는 부등호의 개념을 사용하여 식을 이용한 경우이다. 이 모둠은 칼로리의 높고 낮음을 이용하여 정상적인 경우와 이를 넘어선 비만의 경우를 생각해냈으며 이를 식 세우기로 확장한 경우이다. 칼로리를 더하고 곱하는 과정에서 확장하여 이를 사용하여 부등호를 나타내면서 식을 세운 것을 볼 수 있다.

(3) 5모둠의 문제해결전략

1) 준비단계-문제를 단순화하기

모둠별 학습지	앞에 있는 내용을 수영으로 정하고 장소는 계곡으로 할 것이다. 수영은 4시간으로 정할 것이며 주로 물장난을 한다. 이를 소비할 음식으로는 간식으로 정한다.

[그림 9-10] 예상하고 확인하기 유형

[그림 9-10]의 사례는 문제의 상황을 그대로 받아들이지 않고 자신의 경험을 떠올려서 장소를 계곡으로 정하고 무엇으로 놀 것인지를 생각하면서 문제를 단순화하였다. 이에 따라 음식으로 얻어지는 칼로리나 운동으로 소비되는 칼로리 없이 문제 상황을 간단히 줄였다. 구체적인 칼로리는 없으나 문제상황을 좀 더 줄여가면서 문제에 대한 인식을 수행하였다.

2) 모델유도단계-식 세우기

> 정리: 7.70×4=1232.0
>
> 간식은 콜라, 초콜렛, 비스켓을 먹어서 운동하는 칼로리를 음식으로 소비되는 칼로리보다 많게 한다. 그래야 건강하다.

[그림 9-11] 식 세우기 유형

[그림 9-11]의 사례는 운동에 필요한 4시간을 설정하고 이를 몸무게와 운동 칼로리로 곱한 것이다. 다만 바른 연산을 수행하지는 못했지만 식을 이용하여 칼로리 계산을 하고 음식으로 소비되는 칼로리와의 관계를 생각하였다. 콜라, 초콜릿, 비스킷의 음식 칼로리를 식으로 계산하여 문제를 해결하는 순서로 수행과제를 해결하고 음식 칼로리에 대한 필요한 정보들을 수집하여 자신의 몸무게를 생각하면서 건강을 유지하는 방법을 고려하였다.

3) 모델탐색단계-식 세우기

> 540+441+564+420=1965
>
> 치즈크러스트, 치킨버거, 햄치즈샌드위치, 프라이드치킨을 먹은 칼로리가 1965kcal가 된다. 1965-826=1139kcal이므로 음식으로 얻게 되는 칼로리가 적게 유지된다.

[그림 9-12] 식 세우기 유형

[그림 9-12]의 사례는 음식으로 얻는 칼로리를 합한 후, 이를 운동으로 소비되는 칼로리를 뺄셈을 하였다. 모델유도활동에서 일어난 일을 정리하여 바른 식과 답을 사용하였으며 음식의 칼로리를 운동의 칼로리보다 적게 하기 위해서 뺄셈을 한 것이 0보다 크므로 이를 유지할 수 있음을 보여주었다. 운동 칼로리와 음식 칼로리를 구분하여 덧셈과 뺄셈을 이용하여 식을 세웠다.

학습자별로 문제해결전략의 유형에는 차이가 있었지만 학습자가 수학적 모델링에 관한 하나의 문제를 하나의 방법이 아닌, 식 세우기, 표 만들기, 예상하고 확인하기, 특정 경우 살펴보기, 문제를 단순화 하기, 규칙성 찾기, 목록화하기 등 다양한 유형으로 전략을 세워 문제해결에 필요한 지식과 개념을 조건과 연결지어 문제를 해결한 사례를 보았다. 이를 정리하면 수학적 모델링 학습 과정을 학습자 스스로 문제해결의 필수적인 요소인 문제해결전략을 다양하게 탐구함으로써 문제해결에 도달했다고 볼 수 있다. 교과서에 이미 제시된 한두 가지의 전략만을 풀게 되거나 교과서에서 이미 제시된 구체적인 해결전략을 답습하는 것에서 벗어나, 생활 주변에서 보게 되는 수학적 모델링 문제 상황에 대한 해결전략을 폭넓게 구사함으로써 학생들은 다양한 전략을 종합적으로 탐구하는 과정을 거치게 되었다.

제10장 6학년 사례

01 6학년 수학적 모델링 실세계 문제 예시

§1. 마네킹 퍼포먼스(Mannequin Performance)

★★초등학교 6학년 3반 학생들은 미술과 체육시간에 모둠별 공연으로 마네킹 퍼포먼스를 하려고 합니다. 모둠원들 중에서 한 사람을 정하여 그 사람을 마네킹으로 꾸며 공연을 하려고 합니다. 마네킹에 여러 가지 장식을 하기에 앞서 마네킹으로 선정된 모둠원의 몸 전체에 살색 색지를 붙이려고 합니다. 얼마만큼의 살색 색지가 필요한지 필요한 살색 색지의 넓이를 알아봅시다.

§2. 스페이스(Space)

★★초등학교 6학년 3반 학생들은 "우주"를 테마로 한 교내 작품 전시회를 위해 모둠별로 협동 작품을 제작하려고 합니다. 학생들은 작품의 주제를 "태양계의 행성들"로 정하고, 모형 태양계를 만들려고 합니다. 학생들은 태양계 모형 제작에 앞서 태양계에 속한 여러 행성들의 크기(지름의 길이)와 태양으로부터의 거리를 조사하고, 태양계 모형 제작을 위한 태양계 모형의 설계도(구상도)를 그리기로 하였습니다. 작품 전시를 위해 모둠별로 할당된 구역이 전지 1장과 모양과 크기가 같을 때, 각 행성들의 크기 및 행성들 간의 거리 등의 비와 비율을 고려하여 전지 1장에 태양계 모형의 설계도(구상도)를 그려봅시다.

§3. 초코칩(Choco chip)

정수네 모둠 친구들은 며칠 뒤에 있을 수학여행에 가져갈 과자와 음료수를 집 근처에 있는 H마트와 E마트, L마트에서 사려고 합니다. 정수네 모둠은 모두 6명이며 15000원의 한도에서 모둠 친구들이 모두 좋아하는 '초코칩'과 '마가레느'를 포함하여 가능한 여러 종류의 간식을 여러 개 준비해 가려고 합니다. 세 상점의 가격이 다음과 같을 때, 정수네 모둠이 최대로 가져갈 수 있는 간식의 종류와 개수를 알아봅시다.

상점	상품(정가) : 할인가격
H마트	에이슨(3600원) : 1990원 / 와플스(5000원) : 2780원 아기손(2000원) : 1090원 / 초코눈송이(800원) : 2개 묶음 980원 홈런공(1200원) : 960원 / 하임(5000원) : 3980원 나뭇잎파이(4000원) : 2190원
E마트	몽실통통(4000원) : 2670원 / 초코칩(1500원) : 970원 초코맛파이(5000원) : 4010원 / 마가레느(3000원) : 1640원 나뭇잎파이(4000원) : 2180원 / 하임(5000원) : 2780원 고구마스틱(800원) : 530원
L마트	초코칩(3000원) : 1900원 / 마가레느(4400원) : 3520원 에이슨(3600원) : 2680원 / 쌀과자(2500원) : 1980원 인기스낵 5종(각 700원) : 2800원 / 새우스틱(800원) : 640원 과일샌드(3000원) : 2380원

§4. 파티 플래너(Party Planner)

☆☆초등학교 6학년 3반 27명의 학생들은 특별활동의 행사시간에 예정된 학급 파티 준비를 하고 있습니다. 지은이네 모둠은 학급비를 모아 초대장 제작과 교실 장식에 필요한 재료를 사오는 일을 맡았습니다. 초대장 제작과 교실 장식을 위해 사야하는 재료들이 다음과 같을 때, 지은이네 모둠은 1인당 최소 얼마의 학급비를 걷어야 하는지 알아봅시다.

	용도별 재료 및 수량	비고
초대장 제작	초대장용 색지(8절 색지 1장-접어서 제작)×54개	8절 색지 5매 묶음으로 판매
	초대장 장식 리본(0.5m)×54개	리본 5m씩 판매
교실 장식	게시판(4.75m) 장식용 주름지	주름지 1마(0.9m)씩 판매
	게시판 및 출입문, 창문, 복도 장식용 풍선×70개	풍선 묶음으로 판매

재료	상품(가격)	재료	상품(가격)
8절 색지	녹색(770원)/노랑(770원) 빨강(770원)/주황(770원) 분홍(770원)/파랑(770원)	리본	단색&레이스(1000원) 체크무늬 10m(1500원) 칼라(3종) 종이끈(3000원) 부직포끈(1000원)
주름지	메탈릭녹색(1250원) 하트무늬 4.5m (5500원) 빨강,노랑,보라(각700원) 메탈릭오렌지색(1250원)	풍선	아이보리_100개(4900원) 5색 패키지_50개(5000원) 하트모양_20개(4000원) 동물모양_20개(5000원)

§5. 모자 모델리스트(Hat Modelist)

6학년 3반 학생들은 말하기 · 듣기 · 쓰기 시간에 "모자 장수"를 제목으로 모둠별로 꾸며 쓴 극본을 재량활동 시간에 연극으로 상연하기로 했습니다. 모자 모델리스트가 되어 연극 소품으로 필요한 여러 가지 모양의 모자들을 만들려고 합니다. 모둠별로 여러 가지 모양의 모자를 구상하여 겨냥도를 그리고(2가지 이상), 모둠원을 선정하여 모자 제작에 필요한 치수를 잰 후, 모둠원의 머리에 맞는 모자를 2가지 모양으로 만들어봅시다.

§6. 시티 투어(City Tour)

6학년 3반 학생들은 사회과 및 과학과 조사 학습 과제를 위하여 모둠별(모둠별 인원 : 4명)로 서울의 여러 고궁/박물관/과학관/생태공원들 중 두 곳을 선택하여 시티 투어를 하려고 합니다. 인터넷을 활용하여 서울에 있는 여러 고궁/박물관/과학관/생태공원들의 위치, 교통편 등에 대한 다양한 정보를 검색하여 선택이 가능한 모든 경우를 찾고, 가장 효율적으로 다녀올 수 있는 두 곳을 선택한 후, 어떤 경로를 통해 다녀와야 하는지 설명하여봅시다.

§7. 6학년 남녀탐구생활

★★초등학교에서는 매달 발행되는 ★★소식 신문에 친구들의 생각이나 생활을 담은 자료들을 실을 예정입니다. 내용으로는 6학년 친구들의 생각이나 의견을 모아 '6학년 남녀탐구생활' 자료집을 싣기로 하였습니다. 여러 가지 설문 문항을 제작하여 6학년 전체 어린이를 대상으로 설문 조사를 실시한 후 이에 대한 결과를 분석하여 자료집을 만들어봅시다.

§8. 웰빙과자의 비밀

"과자, 제대로 알고 먹지 않으면 어린이에게 해롭다!"

어린이들이 좋아하는 과자는 열량이 너무 높아 어린이 비만을 부추기는 주범이 되고 있습니다. 이에 식약청은 한 번에 섭취하는 양을 뜻하는 1회 제공량을 표시하여 어린이들이 먹는 양을 조절할 수 있도록 하는 방안을 마련하였습니다. 그러나 기준이 모호하다 보니 제품마다 1회 제공량이 천차만별인 점이 문제입니다.

	A과자	B과자	C과자
1회 제공량	20 g	43 g	50 g
1회 제공량 당 열량	105㎉	215㎉	220㎉

언뜻 보면 A과자 열량이 가장 적은 것처럼 보입니다. 하지만 100 g당 열량으로 환산한다면 결과는 달라집니다.

또한 나트륨 함량과 포화지방 함량이 너무 높은 것도 문제입니다. 전문가들이 과자에서 가장 나쁜 성분으로 꼽는 게 포화지방과 나트륨입니다 포화지방은 과잉 섭취하면 심장병 비만 등 혈관 질환을 유발해 '건강의 적'으로까지 불립니다. 또한 나트륨은 과다 섭취하면 고혈압 심장병 등을 유발하기도 합니다. 따라서 과자를 선택할 때에는 여러 가지를 고려하여야 하겠습니다.

-이화일보 2010년 4월 기사-

이화일보에 위와 같은 기사가 실렸습니다. 여러분은 학교신문기자로 학교 신문에 과자의 비밀에 대한 기사를 실어야 합니다. 이를 위해 여러분이 주로 먹는 과자들을 실제로 활용할 수 있습니다. 당 함량 및 나트륨 함량, 열량을 비교 분석하고 기준을 세워보는 것이 중요하겠죠? 어린이들이 과자를 선택할 때 건강을 생각하는 현명한 방법을 제시해보세요.

02 6학년 수학적 모델링 프로그램의 실제

<table>
<tr><td>모델링 제목</td><td colspan="2">스페이스(Space)</td><td>학년/학기</td><td>6학년 1학기</td></tr>
<tr><td>모델링 내용</td><td colspan="4">태양계 모형 제작을 위한 설계도 그리기</td></tr>
<tr><td rowspan="2">단원 및 영역</td><td>주단원명</td><td>7. 비례식(규칙성과 문제해결)</td><td rowspan="2">수학원리</td><td rowspan="2">비, 비율, 비례식</td></tr>
<tr><td>부단원명</td><td>6. 비와 비율(규칙성과 문제해결)</td></tr>
<tr><td>학습목표</td><td colspan="2">비와 비율, 비례식과 관련된 실생활 문제를 해결할 수 있다.</td><td>학습자료</td><td>전지, 색연필, 싸인펜, 자, 줄자, 색종이, 가위, 등</td></tr>
<tr><td>수학적 모델링 과정</td><td colspan="4"></td></tr>
<tr><td>실세계 문제</td><td colspan="4">
◈ 준비활동(학급 전체 토의)

1) 동기유발 및 과제 제시
- 학습자의 실세계 맥락과 연계된 수학적 모델링 과제를 제시

★★초등학교 6학년 3반 학생들은 "우주"를 테마로 한 교내 작품 전시회를 위해 모둠별로 협동작품을 제작하려고 합니다. 학생들은 작품의 주제를 "태양계의 행성들"로 정하고, 모형 태양계를 만들려고 합니다. 학생들은 태양계 모형 제작에 앞서 태양계에 속한 여러 행성들의 크기(지름의 길이)와 태양으로부터의 거리를 조사하고, 태양계 모형 제작을 위한 태양계 모형의 설계도(구상도)를 그리기로 하였습니다. 작품 전시를 위해 모둠별로 할당된 구역이 전지 1장과 모양과 크기가 같을 때, 각 행성들의 크기 및 행성들 간의 거리 등의 비와 비율을 고려하여 전지 1장에 태양계 모형의 설계도(구상도)를 그려봅시다.

2) 문제 상황 확인
- 주어진 문제 상황에 대하여 학급 전체의 친구들과 이야기 나누기
</td></tr>
<tr><td>모델</td><td colspan="4">
◈ 모델유도활동(소그룹 활동)

1) 문제 상황의 관찰, 이해 및 단순화[모델유도활동 1]
- 문제해결을 위해 활용해야 할 정보를 선택하기
- 문제 상황을 단순화하여 문제 해결을 위해 해야 할 일 생각해보기

2) 모델 형성
- 문제를 해결하기 위해서는 어떤 전략을 사용하여야 하며, 어떤 과정을 거쳐야 할지 계획하고 기록하기[모델유도활동 2]
- 정보수집하기[모델유도활동 3]
☞ 과제 수행에 필요한 정보를 수집하는데 사용한 방법, 정보에 대한 조사·수집 과정 및 결과들을 기록하기
- 조사된 정보수집 결과를 바탕으로 태양계 모형의 설계도(구상도) 그리기[모델유도활동 4]
☞ 태양계 모형의 설계도(구상도)를 그리는 과정에서 수행한 여러 가지 활동들의 순서 및 내용 기록하기
</td></tr>
</table>

수학적 결론	◈ 모델탐색활동(프리젠테이션) - 활동 정리하기[모델탐색활동 1] ☞ 문제를 실제로 어떤 순서로, 어떻게 해결하였는지 문제해결과정을 되돌아보고, 과제 수행에 활용된 수학적 개념, 원리, 법칙에 대해 기록하기 - 발표 준비하기[모델탐색활동 2] ☞ 모둠별로 과제 수행 과정 및 결과에 대하여 발표할 내용 기록하기 - 모둠별로 개발한 모델을 발표하기 ☞ 모둠별로 완성한 태양계 모형의 설계도(구상도)에 대하여 발표하기 - 다른 모둠들이 완성한 설계도(구상도)에 포함된 수학적 개념・원리・법칙 찾기[모델탐색활동 3]
모델 적용	◈ 모델적용활동(학급 전체 토의) - 모둠별 설계도 중에서 가장 적절한 설계도(구상도)에 대하여 의견을 공유하고, 더 좋은 방법이 있을지에 대해 이야기 나누기[모델적용활동 1] - 변화된 상황이 주어질 경우, 개발된 모델을 어떻게 활용할 것인지에 대하여 의견을 나누고, 과제를 수행하는 과정에서 사용했던 방법을 활용할 수 있는 다른 사례 찾아보기[모델적용활동 2]

6-가 활동 개요	스페이스(Space)	6학년 반 ( )모둠 모둠원 : ( )

※ 다음의 문제 상황을 읽고, 문제를 해결하여 봅시다.

★★초등학교 6학년 3반 학생들은 "우주"를 테마로 한 교내 작품 전시회를 위해 모둠별로 협동 작품을 제작하려고 합니다. 학생들은 작품의 주제를 "태양계의 행성들"로 정하고, 모형 태양계를 만들려고 합니다. 학생들은 태양계 모형 제작에 앞서 태양계에 속한 여러 행성들의 크기(지름의 길이)와 태양으로부터의 거리를 조사하고, 태양계 모형 제작을 위한 태양계 모형의 설계도(구상도)를 그리기로 하였습니다. 작품 전시를 위해 모둠별로 할당된 구역이 전지 1장과 모양과 크기가 같을 때, 각 행성들의 크기 및 행성들 간의 거리 등의 비와 비율을 고려하여 전지 1장에 태양계 모형의 설계도(구상도)를 그려봅시다.

※ 문제를 해결하면서 수행과제를 완성해봅시다.

과정	활동내용	활동형태
준비 활동	• 주어진 문제 상황에 대하여 학급 전체의 친구들과 이야기를 나누기	학급전체 토의
모델 유도 활동	• 문제 상황을 정리하여 활동지에 기록하기 • 태양계 모형의 설계도(구상도)를 그리기 위해 어떠한 정보들을 알아야 하며, 필요한 각각의 정보들을 어떤 방법으로 수집해야 할지 기록하기 • 문제를 어떤 순서로, 어떻게 해결하면 좋을지 문제해결에 대한 과정 및 전략에 대한 계획을 세우고 기록하기 • 정보수집하기-과제 수행에 필요한 정보를 수집하는데 사용한 방법, 정보에 대한 조사·수집 과정 및 결과들을 기록하기 • 조사된 정보수집 결과를 바탕으로 태양계 모형의 설계도(구상도) 그리기-태양계 모형의 설계도(구상도)를 그리는 과정에서 수행한 여러 가지 활동들의 순서 및 내용 기록하기	소그룹 활동
모델 탐색 활동	• 활동 정리하기-문제를 실제로 어떤 순서로, 어떻게 해결하였는지 문제해결과정을 되돌아보고, 문제해결과정에 사용된 수학적 개념/원리/법칙에 대하여 기록하기 • 발표 준비하기-모둠별로 과제 수행 과정 및 결과에 대하여 발표할 내용 기록하기 • 모둠별로 완성한 태양계 모형의 설계도(구상도)에 대하여 발표하기 • 다른 모둠들이 완성한 설계도(구상도)에 포함된 수학적 개념, 원리, 법칙 찾기	프리젠테이션
모델 적용 활동	• 모둠별 설계도 중에서 가장 적절한 설계도(구상도)에 대하여 의견 나누기 • 더 좋은 방법이 있을지에 대해 이야기 나누기 • 과제를 수행하는 과정에서 사용했던 방법을 활용할 수 있는 사례 찾아보기	학급전체 토의

6 - 가 활동지 1	스페이스(Space)	6학년 반 ( )모둠 모둠원 : ( )

[준비활동] 주어진 문제 상황의 내용을 정리하여 봅시다.

[모델유도활동 1] 문제에 제시된 정보들을 확인하고, 문제 해결을 위해 활용해야 할 정보와 새로 수집해야 할 정보들에 대하여 기록해 봅시다.

6-가 활동지 2	스페이스(Space)	6학년 반 ( )모둠 모둠원 : ( )

[모델유도활동 2] 문제를 어떤 순서로, 어떻게 해결하면 좋을지 문제해결에 대한 과정 및 전략에 대한 계획을 세워 봅시다.(누가 어떤 역할을 맡을 것인지도 기록해 봅시다.)

문제 해결 계획	
역할 분담	

[모델유도활동 3] 정보수집하기-과제 수행에 필요한 정보를 수집하는데 사용한 방법, 정보에 대한 조사·수집 과정 및 결과들을 기록해 봅시다.

정보수집 방법	정보수집 과정	정보수집 결과

6 - 가 활동지 3	스페이스(Space)	6학년 반 ( )모둠 모둠원 : ( )

[모델유도활동 4] 태양계 모형의 설계도(구상도)를 그리는 과정에서 수행한 여러 가지 활동들의 순서 및 내용을 기록하여 봅시다.

태양계 모형의 설계도를 그리는 순서	
태양계 모형의 설계도를 그리는 활동 내용	

6-가 활동지 4	스페이스(Space)	6학년 반 ( )모둠 모둠원 : ( )

[모델탐색활동 1] 문제해결과정을 되돌아보고, 문제해결과정에 사용된 수학적 개념, 원리, 법칙에 대하여 기록해봅시다.

6-가 활동지 5	스페이스(Space)	6학년 반 ( )모둠 모둠원 : ( )

[모델탐색활동 2] 과제 수행 과정 및 결과에 대하여 발표할 내용을 기록하여 봅시다.

6-가 활동지 6	스페이스(Space)	6학년 반 ( )모둠 모둠원 : ( )

[모델탐색활동 3] 다른 모둠들이 완성한 구상도에 포함된 수학적 개념, 원리, 법칙을 찾아보고, 기록하여 봅시다.(자신의 모둠에 대해서는 활동에 대한 반성도 함께 써봅시다.)

모둠명	적용된 수학적 개념, 원리, 법칙

6-가 활동지 7	스페이스(Space)	6학년 반 ( )모둠 모둠원 : ( )

[모델적용활동 1] 모둠별 설계도 중에서 가장 적절한 설계도(구상도)에 대하여 기록하고, 더 좋은 방법이 있을지에 대하여 생각해 봅시다.

[모델적용활동 2] 과제를 수행하는 과정에서 사용했던 방법을 활용할 수 있는 다른 사례 혹은 상황을 찾아봅시다.

03 6학년 수학적 모델링 프로그램의 적용 사례

수학적 모델링 문제상황을 적용한 규칙성과 문제해결 학습에서 나타난 수학적 모델링 학습 과정

수학적 모델링 문제상황을 적용한 규칙성과 문제해결 영역의 스페이스(Space) 프로그램이 이루어지는 동안 학생들이 나타내는 학습 과정을 분석하기 위해서 학습자의 활동 내용과 연구자의 관찰 내용이 분석되었다. 학습자들의 활동 분석은 학습이 이루어지는 동안 산출된 학습자의 활동 결과물과 교사의 관찰 내용을 바탕으로 이루어졌다. 학생들의 학습 과정은 〈표 10-1〉과 같은 분석 기준 및 내용에 따라 분석되었으며, 이 분석 결과에 따라 학습 과정에서 학생들에게 나타나는 수학의 응용 학습과 상황적·실제적 추상화 학습의 모습을 찾아보았다.

〈표 10-1〉 본 연구에 사용된 사례 분석 기준과 내용

과정	활동내용
수학의 응용 학습	• 문제상황을 파악하여 수학적으로 구조화, 단순화, 조직화함으로써 현실 상황을 수학에 접목시키는가? • 문제상황에 제시된 비형식적인 개념들을 형식적으로 표현할 수 있는가? • 문제를 해결하기 위하여 관련된 수학적 개념이나 원리를 찾아내고, 이를 도입하고 있는가? • 문제를 해결하면서 수학적 개념 · 원리 및 법칙을 학습하고 새로운 수학적 지식을 구성하는가? • 수학적 개념 및 원리 · 법칙을 현실 맥락의 문제를 해결하는 과정에서 활용하고 적용하는가?
상황적 · 실제적 추상화 학습	• 자신의 경험과 직관을 바탕으로 물리적 대상을 활용하여 문제를 해결하는가? • 문제상황 속에 내포된 여러 가지 관계들을 찾아내고, 이를 관련된 다른 문제상황에 일반화하는가? • 현실 맥락의 문제상황을 여러 가지 수학 공식이나 이론과 관련지어 설명하고, 이에 따라 문제를 해결하는가? • 현실 세계의 상황을 단순화하여 간결한 형태로 만들고, 이를 수학적 관계나 구조의 형태로 나타내는가?

(1) 수학의 응용 학습

수학적 모델링 문제상황을 적용한 규칙성과 문제해결 영역의 학습이 이루어지는 동안 학습자들은 실세계의 상황을 여러 가지 방법으로 탐구해봄으로써 수학적인 개념이나 원리 및 법칙을 도입할 필요성을 느끼고, 비형식적 개념들을 점차 형식화함으로써 자연스럽게 수학적 개념, 원리, 법칙을 학습하는 수학의 응용 학습 과정을 거치게 되었다.

(a)

저희는 먼저 전지의 대각선 길이를 측정하였습니다.
전지의 대각선 길이=13524cm입니다.
태양-지구간 거리를 1로 봤을 때 해왕성까지의 거리는 30.1입니다.

(b)

$30.1 \times 4 = 120.4cm$로 거의 꽉찹니다.
대각선에서 태양을 그릴 10cm를 빼면 125cm로 거의 꽉찹니다.
그래서 지구에서 태양 사이의 거리를 4로 결정하고 다른 행성도 그 기준에 맞췄습니다.
태양과 행성간의 거리는 각각 아래와 같습니다.

수성	금성	지구	화성	목성	토성	천왕성	행왕성
1.6cm	2.8cm	4cm	6cm	20.8cm	38cm	76.8cm	120.4cm

(c)

지구의 지름을 1cm로 보았을 때 다른 행성들의 지름으로 계산하여 했습니다.
각 행성들의 지름은 아래와 같습니다.

수성	금성	지구	화성	목성	토성	천왕성	행왕성	단위
0.4	0.9	1	0.5	11.2	0.4	4	3.9	cm

(d)

아쉬운 점은 행성들 간의 크기를 비율로 비교하지 못했고, 행성의 크기와 떨어진 거리가 단위가 일치하지 않다는 점입니다.

[그림 10-1] 수학의 응용 학습 사례 1

[그림 10-1]의 사례는 학생들이 주어진 전지 한 장에 태양계 모형의 설계도를 그리기 위하여 축소해야 할 비율을 정하는 모습을 나타내고 있다. 학생들은 전지 한 장의 대각선의 길이와 태양에서 지구까지의 거리, 그리고 태양으로부터 가장 멀리 떨어져 있는 행성까지의 거리를 비교함으로써 전지 한 장에 태양계의 모든 행성들을 나타낼 수 있도록 하는 축소 비율을 찾아내었다. 우선 전지에서 가장 긴 부분인 대각선의 길이를 재고, 자신들이 정보 검색을 통해 찾아낸 자료(태양에서 지구까지의 거리를 1로 보았을 때, 태양에서 각 행성까지의 거리)의 내용을 바탕으로 태양과 지구 사이의 거리를 1이라고 가정할 때, 태양에서 가장 멀리 떨어진 해왕성까지의 거리가

30.1임을 구하였다([그림 10-1-(a)] 참조). 학생들은 이렇게 구해진 태양~해왕성까지의 거리 30.1을 자신들이 이미 측정했던 전지 한 장의 대각선 길이 135cm와 비교한 후, 전지 한 장에 태양계 모형의 설계도를 꽉차게 그리기 위해서는 30.1에 4배를 해주어야 하며, 태양에서부터 나머지 다른 행성들까지의 거리도 이와 똑같이 4배를 해주기로 결정하였다([그림 10-1-(b)] 참조).

또한 이들은 각 행성들의 크기를 반지름의 길이를 같은 비율로 축소함으로써 결정하고 있는데, 이미 검색된 자료(지구의 지름을 1로 보았을 때, 각 행성들의 지름의 길이)를 바탕으로 구하였다([그림 10-1-(c)] 참조). 이 부분에서 학생들은 학습지에 전지에서의 각 행성들의 거리를 구하기 위해 사용된 축소 비율과 각 행성들의 지름을 구하기 위해 사용된 축소 비율을 똑같게 하지 못한 것을 아쉬운 점으로 밝히고 있다([그림 10-1-(d)] 참조).

이와 같은 학생들의 학습 활동 모습은 학생들이 주어진 문제상황을 이해하고, 이를 해결하기 위하여 자연스럽게 비와 비율 및 비례식을 이용하여 전지 한 장 안에 나타낼 수 있는 태양~각 행성들까지의 거리 및 각 행성들의 지름을 구하고 있음을 보여주고 있는데, 이것은 학생들이 문제를 해결하기 위하여 상황과 관련된 수학적 개념·원리·법칙(비와 비율 & 비례식)를 찾아내고, 이를 문제 해결에 활용하는 것이라 해석할 수 있으며, 또한 학생들이 문제상황을 파악하여 수학적으로 구조화, 단순화, 조직화함으로써 현실 상황을 수학에 접목시킴으로써 수학의 응용 학습 과정을 나타내는 것이라 할 수 있다.

다음의 [그림 10-2]의 사례의 경우, 전지의 대각선 길이를 재고 태양으로부터 각 행성까지의 실제거리를 조사한 후, 전지 안에 나타낼 수 있는 축소비율을 찾는 과정을 나타내고 있다. 후에 모둠별 발표 때, 학생들은 축척이라는 말을 사용하여 이 과정을 설명하였는데([그림 10-2-(a)] 참조), 학생들은 조사된 태양~각 행성까지의 실제거리를 500, 1000, 500만, 1000만, 5000만으로 나누어 보면서 적절한 축척을 찾고자 하였으나, 이러한 활동으로 알맞은 축척을 찾지 못하자 결국, 새로 찾은 정보(5학년 2학기 과학 교과서에 나타난 태양~지구까지의 거리를 1로 보았을 때의 각 행성까지의 거리)를 바탕으로 하여 이들 값에 4배를 함으로써 전지에 나타낼 태양에서부터 각 행성까지의 거리를 구하였다([그림 10-2-(b)] 참조).

(a)	***이 뽑은 자료 중 행성들과 태양과의 거리가 있길래 전지 대각선 길이 1m 35cm에 맞춰 축척을 하려고 했습니다.
(b)	아무리 줄여도 전지대각선 길이와는 너무 멀었기 때문에 결국은 과학 교과서에 있던 거리에 ×4를 해서 전지 대각선 길이를 맞추었습니다.

[그림 10-2] 수학의 응용 학습 사례 2

이와 같은 장면은 학생들이 주어진 문제상황을 수학적으로 구조화시켜 파악하고 비와 비율, 비의 성질, 비례식 등의 수학적 개념과 원리를 문제상황의 해결에 사용함으로써 현실 맥락의 문제 속에서 관련된 수학적 요소를 찾아내고, 이를 도입하여 문제를 해결해가는 수학의 응용 학습 과정을 나타내는 것이라 해석할 수 있다.

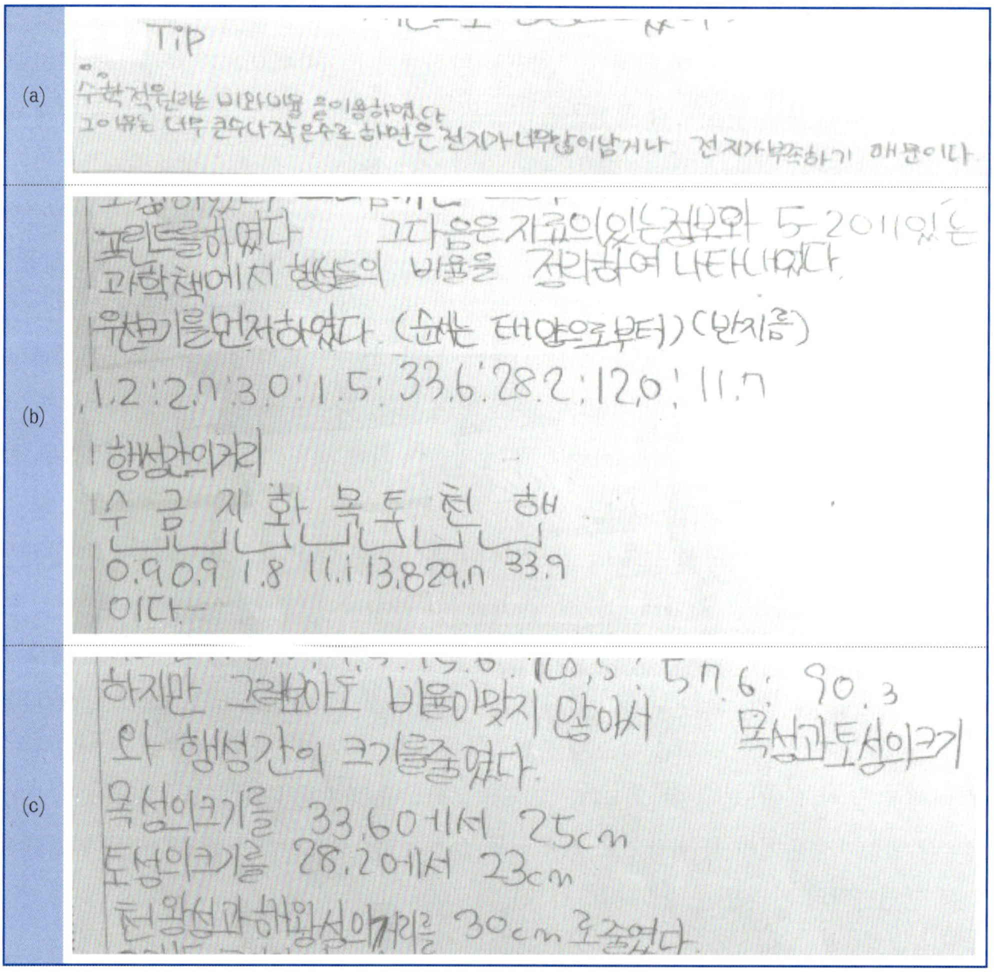

[그림 10-3] 수학의 응용 학습 사례 3

[그림 10-3]의 사례는 앞의 두 사례에서 볼 수 있었던 것과 유사하게 전지 한 장의 대각선에 태양계의 각 행성들을 나타낼 수 있도록 하는 태양~각 행성까지의 거리를 찾기 위해 비와 비율 및 비례식 등을 사용하고자 시도하고 있음을 보여주고 있다([그림 10-3-(a)] 참조). 이 사례에서 학생들은 처음에 5학년 2학기 과학 교과서에 나타난 태양으로부터 지구까지의 거리와 지구의 지

름을 각각 1로 보았을 때의 태양~각 행성들까지의 거리 및 각 행성들의 지름을 주어진 숫자 그대로 사용하여 전지에 그리려고 시도하였다([그림 10-3-(b)] 참조). 그러나 각 행성의 크기와 행성간의 거리를 합친 길이가 너무 커서 전지 안에 모두 나타낼 수 없음을 인식하고 수정하였는데, 이때 학생들은 논리적인 근거 없이 목성과 토성의 크기 및 행성간의 거리를 임의로 줄여서 전지 안에 나타냄으로써 올바른 문제해결에 이르지 못하고 있음을 보여주고 있다([그림 10-3-(c)] 참조).

이는 앞선 [그림 10-1]과 [그림 10-2]의 두 사례에 비하여 보다 덜 형식화된 수학의 응용 학습이 이루어졌다고 볼 수 있는데, [그림 10-3]의 사례에서 학생들은 비록 주어진 문제상황을 해결하기 위하여 문제 해결에 비와 비율 및 비례식 등의 수학적 개념·원리·법칙을 응용하고 활용하고자 시도는 하고 있으나 수학적 논리와 관련 없이 문제를 해결함으로써 주어진 문제상황 및 맥락에 수학적 요소를 올바르게 적용하지 못하고 있다. 이는 문제 해결 과정에서 수학의 응용 학습이 불완전하였다고 해석할 수 있다.

(2) 상황적 · 실제적 추상화 학습

다음의 [그림 10-4]와 [그림 10-5]는 학생들이 규칙성과 함수 영역의 활동을 진행하면서 나타낸 상황적·실제적 추상화 학습 모습을 나타내고 있다. [그림 10-4]와 [그림 10-5]의 경우, 각 모둠의 학생들이 자 혹은 줄자를 이용하여 전지의 대각선이나 가로, 세로의 길이를 재어 봄으로써 자신들이 최종적으로 나타내어야 할 태양계 모형 설계도의 크기를 확인하고 있다. 또한 검색된 자료 및 자신들이 새로이 구해낸 태양으로부터 각 행성들까지의 거리와 각 행성들의 지름 혹은 반지름의 길이를 전지 위에 나타내고 이를 바탕으로 자, 컴퍼스, 원형 색종이 등을 활용하여 태양계 모형 설계도를 그리고 있다. 이는 자신의 경험과 직관을 바탕으로 여러 가지 물리적 대상들을 활용하여 문제를 해결하는 것으로 상황적·실제적 추상화 학습 과정이 이루어진 것이라 볼 수 있다.

[그림 10-4]의 경우, 문제상황 속에서 태양으로부터 각 행성들까지의 거리의 관계를 찾아내고, 이를 각 행성들의 크기 상황으로 일반화하여 문제를 해결하고 있다. 우선 전지 한 장의 대각선에 모두 들어갈 수 있도록 태양~각 행성들까지의 거리를 비와 비율 및 비례식을 통하여 알아내고, 이러한 방법을 전지에 나타낼 각 행성들의 크기(지름)에도 관련시켜 적용하고 있다. 또한 이들 학생들은 주어진 현실 맥락의 문제상황을 비, 비율, 비례식이라고 하는 수학 공식 및 이론 등과 관련지어 설명하고 이에 따라 문제를 해결하고 있는데, 이러한 학생들의 학습 모습은 상황적·실제적 추상화 학습 과정을 보여주는 것이라 할 수 있다.

① 전지의 길이 측정 : 135cm

② 해왕성을 끝으로 지정

$30.1 \times 4 = 120.4cm$

③ 다른 행성도 ×4해서 길이 구함.

④ 지구의 지름=1일 때 다른 행성들의 지름 구해서 크기 구함.

⑤ 같은 비율로 축소함.

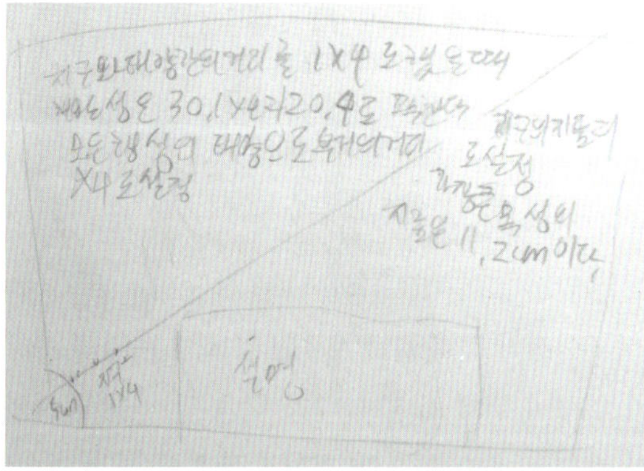

[그림 10-4] 상황적 · 실제적 추상화 학습 사례 1

우리조는 태양으로부터의 거리를 찾았는데, 그 자료만으로도 충분했다.

선생님께 전지를 받아 5학년 2학기 책(과학 교과서)을 찾아보며, 지름과 태양으로부터의 거리를 그렸다.

맨 처음에는 태양으로부터의 거리를 2로 맞춰서 비율을 맞췄는데, 너무 커서 1.5로 바꾸었다. 반지름을 2로 비율을 맞췄는데, 너무 커서 바꾸려고 했는데, 이미 색칠을 해버려서 그냥 2cm로 하고 전지를 하나 더 이어붙였다.

[그림 10-5] 상황적 · 실제적 추상화 학습 사례 2

[그림 10-5]의 사례에서 학생들은 다른 모둠의 학생들과 유사하게 자, 줄자 등으로 전지의 길이를 재고, 태양으로부터 각 행성까지의 거리 및 각 행성들의 크기(지름)를 비와 비율 및 비례식 등을 통하여 구하고 전지에 그리기 시작하였으나, 뒤늦게 전지에 나타내야 할 각각의 수치들을 구하는데 비율을 잘못 적용하였음을 알고, 전지를 또 한 장 연결하여 그림으로써 태양계 모형 설계도를 완성하였다. 이는 문제상황 속에 함축된 여러 가지 관계들을 찾아내고, 이를 실제적으로 추상화하는데 적용할 뿐만 아니라, 문제 해결 과정에서 오류를 확인하고, 찾아낸 관계를 새로운 상황에 일반화시켜 새롭게 적용함으로써 상황적·실제적 추상화 학습 과정을 나타낸 것이라 볼 수 있다.

참고문헌

강옥기(2010). 수학적 모델링의 정교화 과정 연구. 수학교육, 20(1), 73-84.

교육과학기술부(2008). 초등학교 교육과정 해설 IV-수학, 과학, 실과. 서울: 대한교과서 주식회사.

____________ (2009). 초등학교 교사용 지도서 수학 2-1. 서울: (주) 두산.

____________ (2009a). 수학 6-가. 서울: (주)두산.

____________ (2009b). 수학 6-나. 서울: (주)두산.

교육인적자원부(2007). 초등학교 교육과정. 교육인적자원부.

권기석, 박배훈(1997). 고등학교에서 수학적 모델링의 활용에 관한 연구, 수학교육. 36(2), 149-159.

김민경, 민선희, 강선미(2009). 초등교사들의 수학적 모델링에 대한 인식 조사 연구. 한국학교수학회논문집, 12(4), 411-431.

김민경, 홍지연, 김은경(2009). 수학적 모델링 사례 분석을 통한 초등 수학에서의 지도 방안 연구. 수학교육, 48(4), 365-385.

김민경, 홍지연, 김혜원(2010). 수학적 모델링 적용을 위한 문제상황 개발 및 적용. 수학교육, 49(3), 313-328.

김선영(2009). 수학적 모델링이 함수의 문제해결에 미치는 영향. 전남대학교 교육대학원 석사학위논문

김선희(2005). 문제 중심 학습의 방법으로서 수학적 모델링에 대한 고찰. 대한수학교육학회지 학교수학 7(3), 303-318.

김선희, 김기연(2004). 수학적 모델링 과정에 포함된 추론의 유형 및 역할 분석. 학교수학, 6(3), 283-299.

김홍희(2009). 초등 수학영재학급 학생의 수학적 모델링 과정에 대한 분석. 경인교육대학교 교육대학원 석사학위논문.

나온교육연구소(2003). 내 몸 안의 수. 서울: 도서출판 나온.

____________(2003). 다르게 보여요. 서울: 도서출판 나온.

____________(2003). 똑같이 나누어요. 서울: 도서출판 나온.

____________(2003). 비와 비율. 서울: 도서출판 나온.

____________(2003). 수를 그린다고? 서울: 도서출판 나온.

류희찬, 권성룡, 김남균(2003). 현행 수학 교과서와 미국의 개혁 교과서의 비교 분석: 모델링과 테크놀로지를 중심으로. 한국교원대학교 부설 교과교육공동연구소.

류희찬, 김지연(2005). 엑셀을 활용한 소그룹 모델링에서의 상호작용: 중학교 2학년 대수 영역을 중심으로. 수학교육학연구, 15(1), 75-105.

문선미, 박종서(2000). 제7차 수학과교육과정에 대한 교사들의 인식과 적용상의 문제점. 과학교육연구, 26(2), 91-108.

방정숙(2003). 수와 연산 영역에서의 모델링. 청람수학교육, 11, 21-39.

성호금(2000). 수학적 모델링 지도가 수학적 신념 및 학업 성취도에 미치는 영향: 고등학교 함수 단원을 중심으로. 한국교원대학교 교육대학원 석사학위 논문.

손홍찬, 류희찬(2005a). 함수 지도와 수학적 모델링 활동에서 스프레드시트의 활용. 수학교육학연구, 15(4), 505-522.

______________ (2005b). 스프레드시트 환경에서 모델링 활동을 통한 수학적 발견의 정당화. 학교수학, 7(4), 427-444.

______________ (2007). 수학적 모델링에서 스프레드시트 환경이 수학적 모델의 정교화 과정에 미치는 역할. 학교수학, 9(4), 467-486.

신은주(2005). 모델링 활동 사례 분석 연구: 중학교 수학을 중심으로. 이화여자대학교 대학원 박사학위논문.

신은주, 권오남(2001). 탐구지향 수학적 모델링에 관한 연구. 수학교육학연구, 11(1), 157-177.

신은주, 이종희(2004a). 모델링 과정에서 지각적, 인지적, 메타인지적 활동의 상호작용에 관한 사례연구. 학교수학, 6(2), 153-179.

______________(2004b). 중학생들의 모델링 활동에서 메타인지 분석에 관한 사례연구. 수학교육학연구, 14(4), 403-419.

______________(2004c). 모델 개발 과정에서 도구를 조작하는 활동 분석. 학교수학, 6(4), 389-409.

신은주, 이종희(2005). 구체와 추상을 연결하는 모델의 중재기능 분석. 수학교육학연구, 11(1), 157-177.

신현성(2001). 수학적 모델링을 통한 교육과정의 구성원리. 한국학교수학회논문집. 4(2), 27-32.

이기열, 이병수(1999). 수학적 모델링을 통한 학습지도. 한국수학교육학회지 시리즈 E 수학교육논문집, 9, 187-201.

전상림(2008). 수학적 모델링 지도가 학업성취도에 미치는 영향. 강원대학교 교육대학원 석사학위논문

정유리(2010). 수학적 모델링을 활용한 수업이 학업성취도에 미치는 효과. 강원대학교 교육대학원 석사학위 논문

조원주(2002). 중학교 함수영역에서 수학적 모델링을 활용한 수행과제와 구체적 평가기준안 개발. 이화여자대학교 교육대학원 석사학위 논문.

주미경(1991). 모델링 지도에 관한 고찰. 대한수학교육학회 논문집, 1(1), 53-61.

홍정희(1995). 수학적 모델링을 활용한 수학 탐구수업 효과의 고찰: 중학교 2학년 부등식, 일차함수, 확률을 중심으로. 이화여자대학교 교육대학원 석사학위 논문.

홍정희, 송순희(1995). 수학적 모델링을 활용한 수학 탐구수업 효과의 고찰. 수학교육 34(1), 93-96.

홍지연(2007). 수학적 모델링을 활용한 수업이 초등학교 4학년 수와 연산 학습에 미치는 효과. 이화여자대학교 교육대학원 석사학위 논문.

황혜정(2007). 수학적 모델링의 이해. 학교수학, 9(1), 65-97.

Boaler, J. (2001). Mathematical modelling and new theories of learning. *Teaching Mathematics and Its Application*, *20*(3), 121-127.

Bransford, J. D., Zech, L., Schwartz, D., Barron, B., Vye, N., & The Cognition and Technology Group at Vanderbilt University (1996). Fostering mathematical thinking in middle school students: Lessons from research. In R. J. Sternberg & T. Ben-Zeev (Eds.), *The Nature of Mathematical Thinking*, Lawrence Erlbaum, Hillsdale, NJ, pp.203-250.

Burghes, D. N. (1980). Mathematical modelling: A positive direction for the teaching of applications of mathematics at school. *Educational Studies in Mathematics*, *11*(1), pp.113-131.

Carrejo, D. J., (J.,) & Marshall, J. (2007). What is mathematical modeling? Exploring prospective teacher's use experiments to connect mathematics to the study of motion. *Mathematics Education Research Journal*, *19*(1), 45-76.

Doerr, H. M. (1997). Experiment, simulation and analysis: An integrated instructional approach to the concept of force. *International Journal of Science Education*, *19*(3), pp.265-282.

Doerr, H. M., & English, L. D. (2003). A modeling perspective on students' mathematical reasoning about data. *Journal for Research in Mathematics Education*, *34*(2), 110-136.

Doorman, L. M., & Gravenmeijer, K. P. E. (2009). Emergent modeling: Discrete graphs to support the understanding of change and velocity. *ZDM Mathematics Education, 41*, 199-211.

Edward, D., & Hamson, M. (1989). *Guide to mathematical modeling.* Boca Ration, FL: CRC Press.

English, L. D. (2002). Development of 10-year-olds' mathematical modeling. In A. Cockburn & E. Nardi (Eds.), Proceedings of the 26th International PME Conference (pp.329-336), University of East Anglia, Norwich.

English, L. D. (2003). Reconciling theory, research, and practice: A models and modelling perspective. *Educational Studies in Mathematics*, *54*, 225-248.

English, L. D. (2006). Mathematical modeling in the primary school: Children's construction of a consumer guide. *Educational Studies in Mathematics*, *63*, 303-323.

English, L. D., & Watters, J. J. (2005a). Mathematical modelling in the early school years. *Mathematics Education Research Journal*, *16*(3), 58-79.

English, L. D., & Watters, J. J. (2005b). Mathematical modelling with 9-year-olds, In H. L. Chick & J. L. Vincent (Eds.), *Proceedings of the 29th Conference of the International Group for the Psychology of Mathematics Education* 2 (pp.297-304), Melbourne: PME.

Erdogan, A. (2010). Primary teacher education students' ability to use functions as modeling tools. *Procedia Social and Behavioral Science*, *2*, 4518-4522.

Freudenthal. H. (1991). *Revisiting mathematics education.* Dordrecht: Kluwer.

Galbraith, P. L., & Caltworthy, N. J. (1990). Beyond standard models-meeting the challenge of modelling. *Educational Studies in Mathematics*, *21*, 137-163.

Galbraith, P. L., Blum, W., Booker, G., & Huntley, I. D. (1998). *Mathematical modeling: Teaching and assessment in a technology-rich world.* Horwood Publishing Ltd, West Sussex.

Gravemeijer, K. (2002). Preamble: From model to modeling. In K. Gravemeijer, R. Lehrer, B. V. Oers, & L. Verschaffel (Eds.), *Symbolizing, modeling and tool use in mathematics education.* Derdrecht/Boston/London: Kluwer Academic Publishers.

Greeno, J. G. (1991). Number sense as situated knowing in a conceptual domain. *Journal for Research in Mathematics Education*, *22*(3), 170-218.

Jonassen, D. H. (1997). Instructional design models for well-structured and ill-structured problem-solving learning outcomes. *Educational Technology Research and Developmen,* *45*(1), 65-94.

Lenchner, G. (1983). *Creative problem solving in the school mathematics.* Bostin, MA: Hoiugton Mittilin Co.

Lesh, R., & Cayior, B. (2007). Introduction to the special issue: Modeling as application versus modeling as a way to create mathematics. *International Journal of Computers for Mathematics Learning, 12*, 173-194.

Lesh, R., Cramer, K., Doerr, H. M., Post, T., & Zawojewski, J. S. (2003). Model development sequences. In R. Lesh & H. M. Doerr (Eds.), *Beyond constructivism: Models and modeling perspective on mathematics problem solving, learning, and teaching*. Lawrence Erlbaum, Mahwah, NJ. pp.35-58.

Lesh, R., & Doerr, H. M. (2000). Symbolizing, communicating, and mathematizing: Key components of models and modeling. In P. Cobb et al. (Eds.), *Symbolizing and communicating in mathematics classrooms*. Lawrence Erlbaum Associates, Inc. pp.361-383.

Lesh, R., & Doerr, H. M. (2003). Foundations of a models and modeling perspective on mathematics teaching, learning, and problem solving. In R. Lesh & H. Doerr (Eds.), *Beyond constructivism: Models and modeling perspectives on mathematics problem solving, learning and teaching*. Mahwah, NJ : Erlbaum. pp.3-34.

Lesh, R. A., & Lehrer, R. (2003). Models and modelling perspectives on the development of students and teachers. *Mathematical Thinking and Learning*, *5(2&3)*, 109-130.

Lesh, R., Middleton, J. A., & Caylor, E. (2008). A science need: Designing tasks to engage students in modeling complex data. *Educational Study Math, 68*, 113-130.

Lingefjard, T. (2002). Teaching and assessing mathematical modelling. *Teaching Mathematics and its Applications*, *21*(2), 75-83.

Llinares, S., & Roig, A. I. (2008). Secondary school students' construction and use of mathematical models in solving word problems. *International Journal of Science and Mathematics Education*, *6*, 505-532.

Maki, D., & Thompson, M. (1973). *Mathematical models and applications, with emphasis on the social, life, and management sciences* (2nd ed.), Englewood Cliffs, NJ: Prentice-Hall.

McGraw-Hill School Division (2002). *McGraw-Hill Mathematics,* NY: Macmillan/McGrawHill.

National Council of Teachers of Mathematics (1991). *Mathematical modeling in the secondary school curriculum.* Reston, VA.

National Council of Teachers of Mathematics (2000). *Principles and standards for school mathematics.* Reston, VA.

Niss, M. (1989). Aims and scope of application and modeling in mathematics curriculum. In W. Blum, J. S. Berry et al. (Eds.), *Applications and modeling in learning and teaching mathematics*. Chichester, UK : Elis Horwood Limited. pp.22-31.

Open University (1990). Some approaches to modelling, In D. Blane & M. Evans (Eds.), *Mathematical modelling of the senior years,* Parkville: Acacia Press. pp.43-55.

Papert, S. (1980). *Mindstorms: Children computers and powerful ideas*. New York: Basic Books.

Petrosino, A. J., Leher, R., & Shauble, L. (2003). Structuring error and experimental variation as distribution in the Fourth grade. *Mathematical Thinking and learning, 5(2&3)*, 131-156.

Schliemann, A. D., & Carraher, D. W. (1996). Negotiating mathematical meanings in and out of school. In L. P. Steffe et al. (Eds.), Theories of mathematical learning. Lawrence Erlbaum Associates, Inc, pp.77-83.

Skovsmose, O. (1994). *Toward a philosophy of critical mathematics education.* Dordrecht: Kluwer Academic Publishers.

Swetz, F. (1991). Incorporating mathematical modelling into the curriculum. *Mathematics Teacher*, *82*(9), pp.722-726.

Swetz, F., & Hartzler, J. S. (1991). *Mathematical modeling in the secondary school curriculum: A resource guide of classroom exercises*. Reston, VA : NCTM.

Turker, B., Saglam, Y., & Umay, A. (2010). Preservice teachers' performances at mathematical modeling and views on mathematical modeling. *Procedia Social and Behavioral Science*, *2*, 4622-4628.

Verschaffel, L., & De Corte, E. (1997). Teaching realistic mathematical modeling in the elementary school: A teaching experiment with fifth graders. *Journal for Research in Mathematics Education*, *28*(5), 577-601.

Verschaffel, L., De Corte, E., & Vierstraete, H. (1999). Upper elementary school pupils' difficulties in modeling and solving nonstandard additive word problems involving ordinal numbers. *Journal for Research in Mathematics Education*, *30*(3), 265-285.

Villarreal, M. E., Esteley, C. B., & Mina, M. (2010). Modeling empowered by information and communication technologies. *ZDM Mathematics Education, 42*, 405-419.

Wood, P. K. (1983). Inquiring systems and problem structure: Implications for cognitive development. *Human Development*, 26, 249-265.

Zbiek, R. M. (1998). Prospective teachers' use of computing tools to develop and validate functions as mathematical models. *Journal for Research in Mathematics Education*, *29*(2), 184-201.

Zbiek, R. M., & Conner, A. (2006). Beyond motivation: Exploring mathematical modeling as a context for deepening students' understandings of curricular mathematics. *Educational Studies in Mathematics*, *63*, 89-112.

부 록

〈부록 Ⅰ〉 수학적 모델링 관련 문헌

〈부록 Ⅱ〉 4학년 수학적 모델링 프로그램 사례

〈부록 Ⅲ〉 5학년 수학적 모델링 프로그램 사례

〈부록 Ⅳ〉 6학년 수학적 모델링 프로그램 사례

I 수학적 모델링 관련 문헌

1. 중등을 대상으로 한 수학적 모델링 관련 논문

년도	연구자	논문제목	석사 박사
1993	김수민	중등학교에서의 수학적 모델링에 관한 고찰	석사
1994	홍정희	수학적 모델링을 활용한 수학 탐구수업 효과의 고찰 : 중학교 2학년 부등식, 일차함수, 확률을 중심으로	석사
1997	권기석	고등학교에서의 수학적 모델링 지도를 위한 자료의 활용에 관한 연구	석사
	이석훈	수학적 모델링과 그 실제	석사
1998	손기도	수학적 모델링과 그래픽을 활용한 탐구 수업 효과의 고찰 : 고등학교 공통수학 부등식의 영역을 중심으로, Maple 사용	석사
1999	이기열	수학적 모델링을 통한 수학 교과 지도에 관한 소고	석사
2000	백은정	수학적 모델링 지도를 위한 프로그램의 개발과 적용 : 중학교 2학년 부등식 단원을 중심으로	석사
	성호금	수학적 모델링 지도가 수학적 신념 및 학업 성취도에 미치는 영향 : 고등학교 함수단원을 중심으로	석사
	신동찬	수학적 모델링 자료에 관한 연구 : 대수 영역을 중심으로	석사
	신은주	탐구지향 수학적 모델링에 관한 연구 : 사례 연구	석사
	최향철	고등학교에서 대수지도를 위한 수학적 모델링 자료의 고찰	석사
2001	김희정	공업계 고등학생의 수학적 신념에 수학적 모델링 중심 지도가 미치는 영향	석사
	용정택	수학적 모델링을 통한 수학 외적 문제 해결 능력 향상에 관한 연구	석사
2002	김성기	수학적 모델링 적용을 통한 수행평가 자료의 활용에 관한 연구	석사
	선주달	수학적 모델링을 통한 고등학교 이산수학 탐색 : 그래프 영역을 중심으로	석사
	장은수	수학적 모델링 활용에 관한 연구	석사
	조원주	중학교 함수 영역에서 수학적 모델링을 활용한 수행과제와 구체적 평가 기준안 개발	석사
2003	김정민	수학적 모델링 수업 적용 연구	석사
	김태진	수학적 모델링 지도가 수학적 신념에 미치는 영향	석사
2004	권태희	수학적 모델링을 활용한 수행평가의 효과에 관한 연구 : 〈8-가〉 방정식과 부등식, 함수를 중심으로	석사
	김은숙	실제문제들의 그래프 이론을 이용한 수학적 모델링	석사
	안기용	수학수업에서 수학적 모델링 활용의 적용에 관한 연구 : 중학교 「문자와 식」 영역을 중심으로	석사
	이경필	DRC 프로그램을 활용한 수학적 모델링 지도 자료 개발과 적용 : 중학교 도형단원을 중심으로	석사
	이재훈	수학적 모델링을 활용한 이산 수학의 지도 방안	석사
	이희정	수학적 모델링을 이용한 수업이 문제해결력에 미치는 영향 : 고등학교 2학년을 대상으로	석사
	장종근	고등학교 수학에서 수학적 모델링의 활용 방안	석사
	함은규	수학적 모델링과 협동학습을 통한 문제해결력 지도방안에 관한 연구	석사
2005	김윤희	수학적 모델링 과정에서 엑셀의 활용방안에 관한 연구	석사
	박지선	수학적 모델링 지도에 관한 사례 연구 : 중학교 8-가 단계를 중심으로	석사
	박지현	수학적 모델링에 관한 연구 : 7단계를 중심으로	석사
	박창준	수학적 모델링 활용에 관한 연구 : 중학교 대수 영역 중심으로	석사
	신은주	모델링 활동 사례 분석 연구 : 중학교 수학을 중심으로	박사
	오영순	수학적 모델링 지도가 함수 개념 형성에 미치는 영향	석사

년도	연구자	논문제목	석사 박사
2005	오은주	동영상을 이용한 수학적 모델링 학습법 : 중학교 1학년 방정식· 함수 단원을 중심으로	석사
	이은정	수학적 모델링을 이용한 효율적인 수학학습 지도 : 지수 로그·수열을 중심으로	석사
2006	김현정	수학적 모델링에 관한 연구	석사
	손홍찬	스프레드시트를 활용한 수학적 모델링 활동에서의 수학적 발견과 정당화	박사
	심자영	중등학교에서의 수학적 모델링의 적용	석사
	양현심	공업계 고등학교에서 수학적 모델링 수업이 실생활 문제해결력 및 수학적 태도에 미치는 효과	석사
	이지현	수학적 모델링을 활용한 수업모형 개발연구 : 피보나치수열을 중심으로	석사
	이진경	수학적 모델링을 이용한 함수 개념 지도 연구	석사
	정수현	수학적 모델링을 통한 수업 실현 연구	석사
	조정길	수학적 모델링 활용에 관한 연구	석사
	최호경	협동학습의 시너지효과를 이용한 교실에서의 수학적 모델링 실현에 관한 사례 연구	석사
	한선영	중학교 통계 교육에서 수학적 모델링의 활용에 관한 연구	석사
2007	권복진	수학적 모델링 활용에 관한 연구 : 8-가 단계 방정식, 부등식 단원을 중심으로	석사
	김유리	엑셀(Excel)을 활용한 수학적 모델링 활동에 관한 연구	석사
	김희선	수학적 모델링을 통한 수학의 학습과 지도	석사
	박미현	수학적 모델링을 통한 문제해결 지도에 대한 고찰	석사
	박효주	문장제 문제를 활용한 수학적 모델링 학습법이 수학 학업성취도 및 수학적 성향에 미치는 영향	석사
	신승주	수학적 모델링 관점에서 우리나라 수학 교과서 분석 : 고등학교 1학년을 중심으로	석사
	안선영	수학적 모델링 관점에서 중학교 확률과 통계 영역 분석 및 자료개발	석사
	장수영	수학적 모델링을 이용한 함수의 효과적인 지도 방안 연구 : 중등수학의 일차함수를 중심으로	석사
	정은숙	수학적 모델링에 기초한 고등학교 통계 지도 방안 연구	석사
	조연경	중학교 「문자와 식」의 개념 지도에 있어서 수학적 모델링 활용에 관한 연구	석사
	조정희	수학적 모델링을 통한 변수 개념 지도에 관한 사례 연구	석사
2008	강진	일차함수 활용에서 수학적 모델링을 통한 학생들의 학습과정에 관한 사례연구	석사
	강혜영	Excel을 활용한 수학 모델링 자료 개발	석사
	김경남	수학적 모델링 학습을 위한 Excel의 활용방안에 대한 연구 : 중학교 수학 9단계 제곱근 영역을 중심으로	석사
	김동욱	수학적 모델링을 활용한 문자와 식 단원 지도론 : 수학 8-가 곱셈 공식을 활용한 주먹구구의 증명	석사
	김미영	수학적 모델링 학습을 위한 자료 개발과 적용 : 8-가 부등식과 함수 단원을 중심으로	석사
	김민지	한국과 미국의 수학 교과서 비교 연구 : 다항함수의 모델링을 중심으로	석사
	김정옥	행렬 단원에서 수학적 모델링 적용에 관한 연구	석사
	김정은	8단계 수학 교과서에 나타난 수학적 모델링 연구	석사
	박윤주	수학적 모델과 수학적 모델링에 관한 연구 : 10단계를 중심으로	석사
	박태분	수학적 모델링 활용이 학습효과에 미치는 영향에 관한 연구	석사
	우상희	수학적 모델링을 활용한 지도방법에 관한 연구 : 고등학교 수학 I 단계를 중심으로	석사
	이명주	수학적 모델링을 통한 대푯값 교수-학습 분석	석사
	이문호	수학적 모델링을 활용한 수업이 학습자의 문제 해결에 미치는 영향	석사
	이선미	수학적 모델링을 통한 함수지도	석사
	이준경	수학적 모델링을 활용한 문제해결 향상에 관한 연구 : 7-가 함수 단원을 중심으로	석사
	장영아	수학적 모델링을 활용한 교수-학습 방법에 관한 연구 : 중학교 8단계를 중심으로	석사

년도	연구자	논문제목	석사 박사
2008	장은정	수학적 모델링 활용을 통한 수학지도에 대한 연구 : 중학교 방정식, 부등식 단원을 중심으로	석사
	전상림	수학적 모델링 지도가 학업 성취도에 미치는 영향	석사
	정상호	수학적 모델링을 이용한 수학 교수-학습 방법에 관한 연구 : 중학교 도형영역을 중심으로	석사
	정성녀	수학적 모델링의 활용에 관한 연구 : 수학 I을 중심으로	석사
	최윤정	함수 단원에서 수학적 모델링 지도의 효과 : 7-가 단계를 중심으로	석사
2009	강윤미	수학적 모델링을 활용한 수업의 효과에 관한 연구 : 8-가 단계 방정식, 부등식을 중심으로	석사
	김경모	수학적 모델링을 활용한 학습지도에 관한 연구 (추가)	석사
	김선영	수학적 모델링이 함수의 문제 해결에 미치는 영향	석사
	김지혜	수학적 모델링을 적용한 수학 수업의 효과 탐구 : 8-가 단계 연립 방정식방정식방 중심으로	석사
	손현정	문제 해결력을 위한 수학적 모델링 활용에 관한 학습-지도방안 연구 : 함수 단원을 중심으로	석사
	안은선	수학적 모델링을 활용한 수학학습지도방안 : 수학 1을 중심으로	석사
	염경란	수학적 모델링 학습을 통한 함수지도 연구 : 8-가 함수단원을 중심으로	석사
	이성진	수학적 모델링과 분할노트를 활용한 수업이 학업성취도와 학습태도에 미치는 영향 비교	석사
	이지영	수학적 모델링을 활용한 수준별 문제해결 지도 방안	석사
	임현	Excel을 활용한 고등학교 수학모델링과 추론학습	석사
	장현진	수학적 모델링을 이용한 함수개념의 지도방안 : 8-가를 중심으로	석사
	채승희	학교수학의 수학적 모델링에 관한 연구	석사
	최윤영	문제설정 학습과 수학적 모델링 학습이 학업성취도와 정의적 영역에 미치는 영향	석사
2010	김휴진	중학생들의 수학적 모델링 과제분석과 SOLO 분류법을 활용한 평가	석사
	도은혜	수학적 모델링 활동수업을 위한 문항개발 및 적용	석사
	이선민	수학적 모델링 활용에 관한 한국, 미국 MiC 교과서 비교 연구 : 확률단원을 중심으로	석사
	이휘인	대입수리논술(통합논술)을 수학적 모델링 관점으로 분석 및 지도	석사
	인은경	실생활 문제를 수학적 모델링을 통한 미뷴지도에 관한 연구	석사
	정유리	수학적 모델링을 활용한 수업이 학업성취도에 미치는 효과	석사
	지유림	실생활에서 수학적 모델링을 활용한 확률 통계지도에 관한 연구	석사
	한지민	수학적모델링을 활용한 '수학의 활용'지도 연구	석사

2. 초등을 대상으로 한 수학적 모델링 관련 논문

년도	연구자	논문제목	석사 박사
2007	홍지연	수학적 모델링을 활용한 수업이 초등학교 4학년 수와 연산 학습에 미치는 효과	석사
2009	김홍희	초등 수학영재학급 학생의 수학적 모델링 과정에 대한 분석	석사

3. 수학적 모델링 관련 국내 학회지 개재 논문

년도	연구자	논문제목	학회지명
1995	송순희, 홍정희	수학적 모델링을 활용한 수학탐구수업효과의 고찰	수학교육
1997	권기석, 박배훈	고등학교에서 수학적 모델링의 활용에 관한 연구	수학교육
1999	이경열, 이병수	수학적 모델링을 통한 학습지도	수학교육
2000	정두영, 김도상	구성주의 관점에서의 수학적 모델링을 통한 수학 교수-학습의 전개	수학교육
2001	신은주, 권오남	탐구지향 수학적 모델링에 관한 연구	수학교육학연구
	신현성	수학적 모델링을 통한 교육과정의 구성원리	한국학교수학회
2002	조원주, 권오남	중학교 함수영역에서 수학적 모델링을 활용한 수행과제와 구체적 평가기준안 개발	수학교육
2003	류성림	이산수학에서의 수학적 모델링	청람수학교육
	류희찬	수학교육에서 모델링 지도의 의미와 방안	청람수학교육
	박영희	수학적 모델링에 의한 통계교육의 탐색적 고찰	이학과 수학교육논문집
	장혜원	중등수학의 대수와 함수영역에서의 모델링	청람수학교육
	조완영	미적분영역에서의 모델링	청람수학교육
2004	김선희	수학적 모델링 과정에 포함된 추론의 유형 및 역할 분석	학교수학
	신은주	중학생들의 모델링활동에서 메타인지분석에 관한 사례연구	수학교육학연구
	신은주, 이종희	중학생들의 모델링활동에서 메타인지분석에 관한 사례연구	수학교육학연구
	신은주, 이종희	모델링과정에서 지각적, 인지적, 메타인지적 활동의 상호작용에 관한 사례연구	학교수학
	신은주, 이종희	모델링 과정에서 지각적, 인지적, 메타인지적 활동의 상호작용에 관한 사례연구	학교수학
	이종희, 김부미, 김성준	일차함수 활용문제의 해결을 위한 강의식, 모델링, 과제기반표현 변환 학습의 교수학적 효과분석	수학교육학연구
2005	김선희	문제중심학습의 방법으로서 수학적 모델링에 관한 고찰	학교수학
	류희찬, 권성룡, 김남균	현행수학교과서와 미국의 개혁교과서의 비교분석 : 모델링과 테크노로지를 중심으로	교과교육 활성화방안연구
	류희찬, 김지연	엑셀을 활용한 소그룹모델링에서의 상호작용	수학교육학연구
	손홍찬, 류희찬	함수지도와 수학적 모델링 활동에서 스프레드시트의 활용	수학교육학연구
	손홍찬, 류희찬	스프레드시트환경에서 모델링활동을 통한 수학적 발견과 정당화	학교수학
2007	손홍찬, 류희찬	수학적 모델링에서 스프레드시트환경이 수학적 모델의 정교화 과정에 미치는 역할	학교수학
	신현성	모델링학습에서 학생들의 수학적 의미 변환에 대한 분석	교과교육학연구
	황혜정	수학적 모델링의 이해	학교수학
2009	김민경, 민선희, 강선미	초등교사들의 수학적모델링에 대한 인식조사연구	한국학교수학회
	김민경, 홍지연, 김은경	수학적 모델링 사례분석을 통한 초등수학에서의 지도방안 연구	수학교육
2010	강옥기	수학적 모델링의 정교화 과정 연구	수학교육학연구
	김민경, 홍지연, 김혜원	수학적 모델링 적용을 위한 문제상황 개발 및 적용	수학교육

II 4학년 수학적 모델링 프로그램 사례

1. 토너먼트(Tournament)

<table>
<tr><td>모델링 제목</td><td colspan="2">토너먼트(Tournament)</td><td>학년/학기</td><td>4학년 2학기</td></tr>
<tr><td>모델링 내용</td><td colspan="4">주어진 조건을 고려하여 문제해결하기</td></tr>
<tr><td rowspan="2">단원 및 영역</td><td>주단원명</td><td>8. 규칙찾기와 문제해결(규칙성과 문제해결)</td><td rowspan="2">수학원리</td><td rowspan="2">문제해결</td></tr>
<tr><td>부단원명</td><td></td></tr>
<tr><td>학습목표</td><td colspan="2">주어진 조건을 활용하여 체육 시설 사용 시간표 및 대진표를 작성할 수 있다.</td><td>학습자료</td><td>학습지, 도화지, 가위, 풀 등</td></tr>
<tr><td>수학적 모델링 과정</td><td colspan="4">교수 · 학습 활동 내용 및 수업의 전개</td></tr>
<tr><td>실세계 문제</td><td colspan="4">◈ 준비활동(학급 전체 토의)

1) 동기유발 및 과제 제시
- 학습자의 실세계 맥락과 연계된 수학적 모델링 과제를 제시

이번 가을 운동회는 학년별로 종목을 정해 토너먼트제로 운영하기로 했습니다. 수요조사 및 학급회의를 통해 4학년은 피구 경기를 하기로 했습니다.
학생들은 토너먼트제로 운영되는 피구경기 준비를 위해 연습할 시간을 가능한 많이 가지기를 원합니다. 학교는 4학년 전 학급 시간표를 제공하고, 가능한 각 반의 체육시간이 연습시간이 될 수 있도록 공평하게 사용할 수 있는 체육시설 사용시간표 및 대진표를 만들어봅시다.

체육시설 사용시간표 및 대진표 작성 조건은 아래와 같다.
- 연습기간 : 2010년 9월 1일 ~10월 7일
- 가을운동회 일시: 10월 8일
- 공평하게 시간을 배부해야 한다.
- 정규체육수업 3시간 중, 2시간은 두 반이 함께 연습 경기를 하고, 1시간은 한 반이 단독 연습을 한다.
- 단독 연습은 각 반의 체육시간 중 한 시간으로 하고, 두 반이 함께 연습하는 경기의 경우는 두 반의 동일한 체육시간으로 하되, 만약 동일한 시간이 없다면, 교과 시간을 피하여 서로 가능한 연습시간이 되도록 시간을 변경한다.
- 4학년 연습가능 공간은 운동장, 체육관, 피구장 등이다.
- 경기는 토너먼트로 진행된다. 쉬는 시간과 경기 시간 등을 고려하여 대진표를 작성해야 한다.

2) 문제 상황 확인
- 주어진 문제 상황에 대하여 학급 전체의 친구들과 이야기 나누기</td></tr>
</table>

<table>
<tr><td>모델</td><td>◈ 모델유도활동(소그룹 활동)

1) 문제 상황의 관찰, 이해 및 단순화[모델유도활동 1]
- 문제해결을 위해 활용해야 할 정보를 선택하기
- 문제 상황을 단순화하여 문제 해결을 위해 해야 할 일 생각해보기

2) 모델 형성
- 문제를 해결하기 위해서는 어떤 전략을 사용하여야 하며, 어떤 과정을 거쳐야 할지 계획하고 기록하기[모델유도활동 2]
☞ 제시된 조건을 고려하여 4학년 각반이 공평하게 사용할 수 있는 체육시설 사용시간표를 만들기 위해 또한 효율적 경기운영을 위한 대진표 작성을 위해 어떤 방법을 사용할지 계획하여 활동지에 기록하기
- 정보수집하기[모델유도활동 3]
☞ 제시된 조건에 충족하는 시간표를 작성하기 위해 사용한 방법, 과정 및 결과들을 활동지에 기록하기
※ 학생 활동 예시 : 교육과정에 제시된 4학년 시간표 및 체육관 시간표, 제시 조건 등을 고려하여 체육시설 사용 시간표 및 대진표를 작성한다.(교사는 제시 조건에 대한 학생의 이해를 돕는다.)
- 정보수집 결과를 바탕으로 체육시설 사용 시간표 및 대진표를 결정하고, 체육시설 사용 시간표 및 대진표를 확정하는 과정에서 수행한 여러 가지 활동들의 순서 및 내용을 기록하기(계산 순서/과정 포함)[모델유도활동 4]
☞ 체육시설 사용 시간표 및 대진표를 구체적으로 나타내기
※ 학생 활동 예시 : 제시된 조건과 자료를 어떤 기준으로 작성했는지 간단한 설명과 함께 학년별 체육시설 사용 시간표 및 대진표를 완성한다.</td></tr>
<tr><td>수학적 결론</td><td>◈ 모델탐색활동(프리젠테이션)
- 활동 정리하기[모델탐색활동 1]
☞ 문제를 실제로 어떤 순서로, 어떻게 해결하였는지 문제해결과정을 되돌아보고, 과제 수행에 활용된 수학적 개념, 원리, 법칙에 대해 기록하기
※ 학생 활동 예시 : 체육시설 사용 시간표 및 대진표를 확정하는데 사용한 우선 기준 및 조건에 대해 이야기 나누기
- 발표 준비하기[모델탐색활동 2]
☞ 모둠별로 과제 수행 과정 및 결과에 대하여 발표할 내용 기록하기
- 모둠별로 개발한 모델을 발표하기
☞ 제시된 조건 및 모둠별 우선 기준에 근거하여 완성한 학년별 체육시설 사용 시간표 및 대진표 발표하기
- 다른 모둠들이 발표한 방법에 포함된 수학적 개념, 원리, 법칙 찾기[모델탐색활동 3]</td></tr>
<tr><td>모델 적용</td><td>◈ 모델적용활동(학급 전체 토의)
- 여러 가지 문제해결방법 중에서 가장 적절한 방법에 대하여 의견을 공유하고, 더 좋은 방법이 있을지에 대하여 이야기 나누기[모델적용활동 1]
- 변화된 상황이 주어질 경우, 개발된 모델을 어떻게 활용할 것인지에 대하여 의견을 나누고, 과제수행에 사용했던 방법을 활용할 수 있는 다른 사례 찾아보기[모델적용활동 2]</td></tr>
</table>

4-1 활동개요	토너먼트(Tournament)	4학년 반 ( )모둠 모둠원 : ( )

※ 다음의 문제 상황을 읽고, 문제를 해결하여 봅시다.

이번 가을 운동회는 학년별로 종목을 정해 토너먼트제로 운영하기로 했습니다. 수요조사 및 학급회의를 통해 4학년(전체)은 피구 경기를 하기로 했습니다.

학생들은 토너먼트제로 운영되는 피구경기 준비를 위해 연습할 시간을 가능한 많이 가지기를 원합니다. 학교는 4학년 전 학급 시간표를 제공하고, 가능한 각 반의 체육시간이 연습시간이 될 수 있도록 공평하게 사용할 수 있는 체육시설 사용시간표 및 대진표를 만들어봅시다.

체육시설 사용시간표 및 대진표 작성 조건은 아래와 같다.

- 연습기간 : 2010년 9월 1일 ~10월 7일
- 가을운동회 일시: 10월 8일
- 공평하게 시간을 배부해야 한다.
- 정규체육수업 3시간 중, 2시간은 두 반이 함께 연습 경기를 하고, 1시간은 한 반이 단독 연습을 한다.
- 단독 연습은 각 반의 체육시간 중 한 시간으로 하고, 두 반이 함께 연습하는 경기의 경우는 두 반의 동일한 체육시간으로 하되, 만약 동일한 시간이 없다면, 교과 시간을 피하여 서로 가능한 연습시간이 되도록 시간을 변경한다.
- 4학년 연습가능 공간은 운동장, 체육관, 피구장 등이다.
- 경기는 토너먼트로 진행된다. 쉬는 시간과 경기 시간 등을 고려하여 대진표를 작성해야 한다.

※ 문제를 해결하면서 수행과제를 완성해봅시다.

과정	활동내용	활동형태
준비활동	· 주어진 문제 상황에 대하여 학급 전체의 친구들과 이야기를 나누기	학급전체토의
모델유도활동	· 문제 상황을 정리하여 활동지에 기록하기 · 문제를 해결하기 위해서는 어떤 전략을 사용하여야 하며, 어떤 과정을 거쳐야 할지 계획하고 기록하기 · 제시된 조건에 충족하는 시간표 및 대진표를 작성하기 위해 사용한 방법, 과정 및 결과를 활동지에 기록하기 · 정보수집 결과를 바탕으로 체육시설 사용 시간표 및 대진표를 결정하고, 체육시설 사용 시간표 및 대진표를 확정하는 과정에서 수행한 여러 가지 활동들의 순서 및 내용을 기록하기	소그룹 활동
모델탐색활동	· 활동 정리하기-문제를 실제로 어떤 순서로, 어떻게 해결하였는지 문제해결과정을 되돌아보고, 과제 수행에 활용된 수학적 개념, 원리, 법칙에 대해 기록하기 · 발표 준비하기-모둠별로 과제 수행 과정 및 결과에 대하여 발표할 내용 기록하기 · 제시된 조건 및 모둠별 우선 기준에 근거하여 완성된 학년별 체육시설 사용 시간표 및 대진표 발표하기 · 다른 모둠들이 발표한 방법에 포함된 수학적 개념, 원리, 법칙 찾기	프리젠테이션
모델적용활동	· 여러 가지 문제해결방법 중에서 가장 적절한 방법에 대해 의견 공유하기 · 더 좋은 방법이 있을지에 대해 이야기 나누기 · 과제를 수행하는 과정에서 사용했던 방법을 활용할 수 있는 다른 사례 찾아보기	학급전체토의

2. 상상놀이터

<table>
<tr><td>모델링 제목</td><td colspan="4">상상놀이터</td><td>학년/학기</td><td>4학년 2학기</td></tr>
<tr><td>모델링 내용</td><td colspan="6">주어진 모양을 다양한 다각형을 이용하여 채워보기</td></tr>
<tr><td rowspan="2">단원 및 영역</td><td>주단원명</td><td colspan="3">4. 사각형과 다각형(도형)</td><td rowspan="2">수학원리</td><td rowspan="2">다각형</td></tr>
<tr><td>부단원명</td><td colspan="3">3. 수직과 평행</td></tr>
<tr><td>학습목표</td><td colspan="2">다양한 다각형을 이용하여 놀이터를 만들 수 있다.</td><td>학습자료</td><td colspan="3">우드블록, 찰흙, 고무찰흙, 수수깡, 모루, 색종이, 풀, 가위, 이쑤시개, 물감 등</td></tr>
<tr><th>수학적 모델링 과정</th><th colspan="6">교수 · 학습 활동 내용 및 수업의 전개</th></tr>
<tr><td>실세계 문제</td><td colspan="6">◆ 준비활동(학급 전체 토의)

1) 동기유발 및 과제 제시
– 학습자의 실세계 맥락과 연계된 수학적 모델링 과제를 제시

★★초등학교 4학년 ○반 학생들은 미술시간에 다양한 재료를 사용하여 상상놀이터를 만들려고 합니다. 8절지 크기의 놀이터 부지에 적합한 설계도면을 그리고, 각종 시설을 8절지 크기의 우드블럭 위에 밑면이 다각형인 입체도형으로 놀이기구를 만들어 상상놀이터를 꾸며 봅시다. 완성한 후 상상놀이터에 나타난 다양한 다각형을 찾고, 놀이터에 왜 이런 다각형이 사용되었는지 발표해봅시다.

2) 문제 상황 확인
– 주어진 문제 상황에 대하여 학급 전체의 친구들과 이야기 나누기</td></tr>
<tr><td>모델</td><td colspan="6">◆ 모델유도활동(소그룹 활동)

1) 문제 상황의 관찰, 이해 및 단순화[모델유도활동 1]
– 문제해결을 위해 활용해야 할 정보를 선택하기
– 문제 상황을 단순화하여 문제 해결을 위해 해야 할 일 생각해보기

2) 모델 형성
– 문제를 해결하기 위해서는 어떤 전략을 사용하여야 하며, 어떤 과정을 거쳐야 할지 상상놀이터 제작 계획을 세우고 기록하기[모델유도활동 2]
☞ 상상놀이터에 포함될 다양한 다각형에 어떤 도형이 있을지 생각해보고, 왜 그 도형이 필요한지 활동지에 기록하기
– 정보수집하기[모델유도활동 3]
☞ 상상놀이터에 포함될 도형들과 왜 그 도형이 필요한지 결정 과정 및 상상놀이터 그림, 준비물을 활동지에 기록하기
※ 학생 활동 예시 : 상상놀이터에 포함될 도형을 결정하고 그 도형들이 포함되게 상상놀이터 그림을 그리고, 상상놀이터를 만들기 위한 준비물을 결정하여 활동지에 기록한다.
– 정보수집 결과를 바탕으로 상상놀이터를 제작하고, 상상놀이터를 제작하는 과정에서 수행한 여러 가지 활동 순서 및 내용을 기록하기(순서/과정 포함) [모델유도활동 4]
☞ 제작한 상상놀이터에 포함된 다양한 다각형을 찾고, 왜 이도형이 사용되어야 하는지 구체적으로 생각해보기</td></tr>
</table>

수학적 결론	◈ 모델탐색활동(프리젠테이션) – 활동 정리하기[모델탐색활동 1] ☞ 문제를 실제로 어떤 순서로, 어떻게 해결하였는지 문제해결과정을 되돌아보고, 과제 수행에 활용된 수학적 개념, 원리, 법칙에 대해 기록하기 ※ 학생 활동 예시 : 제작한 상상놀이터에 나타난 다양한 다각형을 찾고, 왜 이런 다각형이 사용되어야 하는지에 대해 이야기 나누기 – 발표 준비하기[모델탐색활동 2] ☞ 모둠별로 완성된 상상놀이터에서 다각형을 찾아 왜 이러한 다각형이 사용되었는지에 대해 발표할 내용 기록하기 – 모둠별로 개발한 모델을 발표하기 ☞ 모둠별로 준비한 완성된 상상놀이터와 사용된 다각형, 왜 이러한 다각형이 사용되었는지 발표하기 – 다른 모둠들이 완성한 상상놀이터에 나타난 다각형에 포함된 수학적 개념, 원리, 법칙 찾기[모델탐색활동 3]
모델 적용	◈ 모델적용활동(학급 전체 토의) – 여러 가지 문제해결방법 중에서 가장 적절한 방법에 대하여 의견을 공유하고, 더 좋은 방법이 있을지에 대하여 이야기 나누기[모델적용활동1] – 변화된 상황이 주어질 경우, 개발된 모델을 어떻게 활용할 것인지에 대하여 의견을 나누고, 과제수행에 사용했던 방법을 활용할 수 있는 다른 사례 찾아보기[모델적용활동 2]

4-2 활동개요	상상놀이터	4학년 반 ( )모둠 모둠원 : ( )

※ 다음의 문제 상황을 읽고, 문제를 해결하여 봅시다.

★★초등학교 4학년 ○반 학생들은 미술시간에 다양한 재료를 사용하여 상상놀이터를 만들려고 합니다. 8절지 크기의 놀이터 부지에 적합한 설계도면을 그리고, 각종 시설을 8절지 크기의 우드블럭 위에 밑면이 다각형인 입체도형으로 놀이기구를 만들어 상상놀이터를 꾸며 봅시다. 완성한 후 상상놀이터에 나타난 다양한 다각형을 찾고, 놀이터에 왜 이런 다각형이 사용되었는지 발표해봅시다.

※ 문제를 해결하면서 수행과제를 완성해봅시다.

과정	활동내용	활동형태
준비활동	· 주어진 문제 상황에 대하여 학급 전체의 친구들과 이야기를 나누기	학급전체토의
모델유도활동	· 문제 상황을 정리하여 활동지에 기록하기 · 문제를 해결하기 위해서는 어떤 전략을 사용하여야 하며, 어떤 과정을 거쳐야 할지 상상놀이터 제작 계획을 세우고 기록하기 · 정보수집하기-상상놀이터에 포함될 도형들과 왜 그 도형이 필요한지 결정 과정 및 상상놀이터 그림, 준비물을 활동지에 기록하기 · 정보수집 결과를 바탕으로 상상놀이터를 제작하고, 상상놀이터를 제작하는 과정에서 수행한 여러 가지 활동 순서 및 내용을 기록하기	소그룹 활동
모델탐색활동	· 활동 정리하기-문제를 실제로 어떤 순서로, 어떻게 해결하였는지 문제해결과정을 되돌아보고, 과제 수행에 활용된 수학적 개념, 원리, 법칙에 대해 기록하기 · 발표 준비하기-모둠별로 완성된 상상놀이터에서 다각형을 찾아 왜 이러한 다각형이 사용되었는지에 대해 발표할 내용 기록하기 · 모둠별로 준비한 완성된 상상놀이터와 사용된 다각형, 왜 이러한 다각형이 사용되었는지 발표하기 · 다른 모둠들이 완성한 상상놀이터에 나타난 다각형에 포함된 수학적 개념, 원리, 법칙 찾기	프리젠테이션
모델적용활동	· 여러 가지 문제해결방법 중에서 가장 적절한 방법에 대하여 의견을 공유하기 · 더 좋은 방법이 있을지에 대해 이야기 나누기 · 과제를 수행하는 과정에서 사용했던 방법을 활용할 수 있는 다른 사례 찾아보기	학급전체토의

3. 자료의 변신

모델링 제목	자료의 변신		학년/학기	4학년 2학기
모델링 내용	조사한 자료를 그래프의 종류와 성질에 맞게 표현해보기			
단원 및 영역	주단원명	7. 꺾은선 그래프(확률과 통계)	수학원리	꺾은선 그래프
	부단원명			
학습목표	실생활 속 자료를 그래프의 성질에 맞게 그래프로 표현할 수 있다.		학습자료	줄넘기 횟수 기록표, 학습지

수학적 모델링 과정	교수 · 학습 활동 내용 및 수업의 전개
실세계 문제	◈ 준비활동(학급 전체 토의)

1) 동기유발 및 과제 제시
 – 학습자의 실세계 맥락과 연계된 수학적 모델링 과제를 제시

★★초등학교는 ○월 학교신문에 "4학년 ☆반 줄넘기 왕" 관련으로 기사를 실으려고 합니다. 이 기사에는 매주 이틀간 총 4주(총 8회)에 걸쳐 실시한 줄넘기 횟수를 기록하고, 이 표에 근거하여 4학년 ☆반 남/여 대표를 선출하고, 남/녀 대표의 줄넘기 횟수를 적은 표를 기반으로 "4학년 ☆반 줄넘기 왕" 을 선발한다고 합니다.
여러분이 어린이 기자가 되어 기사에 삽입될 그래프를 그려봅시다.

<줄넘기 횟수 기록표>

–단, 10분간 연습 후 기록표에 적을 줄넘기를 넘은 횟수가 '3번 이하'이면 재도전 할 수 있지만, 재도전 기회는 한번뿐이다.

<table>
<tr><th rowspan="3">학년</th><th rowspan="3">번</th><th rowspan="3">이름</th><th colspan="9">줄넘기를 넘은 횟수</th><th colspan="3">반별 남/녀 대표 줄넘기 횟수</th></tr>
<tr><th colspan="2">첫째 주</th><th colspan="2">둘째 주</th><th colspan="2">셋째 주</th><th colspan="2">넷째 주</th><th rowspan="2">합계</th><th rowspan="2">선정기준 및 이유</th><th rowspan="2">남</th><th rowspan="2">여</th></tr>
<tr><th>1회</th><th>2회</th><th>1회</th><th>2회</th><th>1회</th><th>2회</th><th>1회</th><th>2회</th></tr>
<tr><td rowspan="3">4–☆</td><td></td><td>홍길동</td><td></td><td></td><td></td><td></td><td></td><td></td><td></td><td></td><td></td><td rowspan="3">〈예시〉
① 최고기록
② 합계
③ 향상도
④ 기타( )

이유:</td><td rowspan="3"></td><td rowspan="3"></td></tr>
<tr><td></td><td>⋮</td><td></td><td></td><td></td><td></td><td></td><td></td><td></td><td></td><td></td></tr>
<tr><td></td><td></td><td></td><td></td><td></td><td></td><td></td><td></td><td></td><td></td><td></td></tr>
</table>

2) 문제 상황 확인
 – 주어진 문제 상황에 대하여 학급 전체의 친구들과 이야기 나누기

<table>
<tr><td>모델</td><td>◈ 모델유도활동(소그룹 활동)

1) 문제 상황의 관찰, 이해 및 단순화[모델유도활동 1]
- 문제해결을 위해 활용해야 할 정보를 선택하기
- 문제 상황을 단순화히여 문제 해결을 위해 해야 할 일 생각해보기

2) 모델 형성
- 줄넘기 왕 선정과 기사에 삽입될 그래프를 결정하기 위해서 어떤 전략을 사용하여야 하며, 어떤 과정을 거쳐야 할지 계획하고 기록하기[모델유도활동 2]
☞ 줄넘기 왕 선정 기준과 이유를 결정하여 어떤 그래프를 그리면 좋을지 활동지에 기록하기
- 정보수집하기[모델유도활동 3]
☞ 신문이나 책 등에서 활용된 그래프 조사·수집하기, 줄넘기 횟수가 기록된 표를 이용하여 그릴 수 있는 그래프에 대해 조사·수집한 과정 및 결과들을 활동지에 기록하기
※ 학생 활동 예시 : 신문이나 책 등에서 활용된 그래프를 보고 줄넘기 왕 관련 기사를 쓰기 위해 가장 적합한 그래프의 형태를 결정하여 활동지에 기록한다.
- 조사·수집된 정보를 바탕으로 목적에 맞는 그래프를 결정하고 그래프 그리는 순서에 맞게 그래프 그리기[모델유도활동 4]
☞ 조사·수집된 자료를 바탕으로 줄넘기왕 기사의 목적에 맞는 그래프를 그리기</td></tr>
<tr><td>수학적 결론</td><td>◈ 모델탐색활동(프리젠테이션)
- 활동 정리하기[모델탐색활동 1]
☞ 문제를 실제로 어떤 순서로, 어떻게 해결하였는지 문제해결과정을 되돌아보고, 과제 수행에 사용된 수학적 개념, 원리, 법칙에 대해 기록하기
※ 학생 활동 예시 : 줄넘기 왕의 선정근거와 이유, 기사에 적합한 그래프에 대해 이야기 나누기
- 발표 준비하기[모델탐색활동 2]
☞ 모둠별로 과제 수행 과정 및 결과에 대하여 발표할 내용 기록하기
- 모둠별로 개발한 모델을 발표하기
☞ 모둠별로 줄넘기 왕 선정근거와 이유, 기사에 삽입될 그래프 발표하기
- 다른 모둠들이 발표한 그래프에 포함된 수학적 개념, 원리, 법칙 찾기[모델탐색활동 3]</td></tr>
<tr><td>모델 적용</td><td>◈ 모델적용활동(학급 전체 토의)
- 여러 가지 문제해결방법 중에서 가장 적절한 방법에 대하여 의견을 공유하고, 더 좋은 방법이 있을지에 대하여 이야기 나누기[모델적용활동 1]
- 변화된 상황이 주어질 경우, 개발된 모델을 어떻게 활용할 것인지에 대하여 의견을 나누고, 과제수행에 사용했던 방법을 활용할 수 있는 다른 사례 찾아보기[모델적용활동 2]</td></tr>
</table>

4-2 활동개요	자료의 변신	4학년 반 ( )모둠 모둠원 : ( )

※ 다음의 문제 상황을 읽고, 문제를 해결하여 봅시다.

★★초등학교는 ○월 학교신문에 '4학년 ☆반 줄넘기 왕' 관련으로 기사를 실으려고 합니다. 이 기사에는 매주 이틀간 총 4주(총 8회)에 걸쳐 실시한 줄넘기 횟수를 기록하고, 이 표에 근거하여 4학년 ☆반 남/여 대표를 선출하고, 남/녀 대표의 줄넘기 횟수를 적은 표를 기반으로 '4학년 ☆반 줄넘기 왕' 을 선발한다고 합니다.

여러분이 어린이 기자가 되어 기사에 삽입될 그래프를 그려봅시다.

<줄넘기 횟수 기록표>

-단, 10분간 연습 후 기록표에 적을 줄넘기를 넘은 횟수가 '3번 이하'이면 재도전 할 수 있지만, 재도전 기회는 한번뿐이다.

학년	번	이름	줄넘기를 넘은 횟수									반별 남/녀 대표 줄넘기 횟수		
			첫째 주		둘째 주		셋째 주		넷째 주		합계	선정기준 및 이유	남	여
			1회	2회	3회	4회	5회	6회	7회	8회				
4-☆	1	홍길동										〈예시〉 ① 최고기록 ② 합계 ③ 향상도 ④ 기타( ) 이유:		
		⋮												

※ 문제를 해결하면서 수행과제를 완성해봅시다.

과정	활동내용	활동형태
준비활동	· 주어진 문제 상황에 대하여 학급 전체의 친구들과 이야기를 나누기	학급전체토의
모델유도활동	· 문제 상황을 정리하여 활동지에 기록하기 · 줄넘기 왕 선정과 기사에 삽입될 그래프를 결정하기 위해서 어떤 전략을 사용하여야 하며, 어떤 과정을 거쳐야 할지 계획하고 기록하기 · 정보수집하기-신문이나 책 등에서 활용된 그래프 조사수집하기, 줄넘기 횟수가 기록된 표를 이용하여 그릴 수 있는 그래프에 대해 조사수집한 과정 및 결과들을 활동지에 기록하기 · 조사·수집된 정보를 바탕으로 목적에 맞는 그래프를 결정하고 그래프 그리는 순서에 맞게 그래프 그리기	소그룹 활동
모델탐색활동	· 활동 정리하기-문제를 실제로 어떤 순서로, 어떻게 해결하였는지 문제해결과정을 되돌아보고, 과제 수행에 사용된 수학적 개념, 원리, 법칙에 대해 기록하기 · 발표 준비하기-모둠별로 과제 수행 과정 및 결과에 대하여 발표할 내용 기록하기 · 모둠별로 줄넘기 왕 선정 근거와 이유, 기사에 삽입될 그래프 발표하기 · 다른 모둠들이 발표한 그래프에 포함된 수학적 개념, 원리, 법칙 찾기	프리젠테이션
모델적용활동	· 여러 가지 문제해결방법 중에서 가장 적절한 방법에 대하여 의견 공유하기 · 더 좋은 방법이 있을지에 대하여 이야기 나누기 · 과제를 수행하는 과정에서 사용했던 방법을 활용할 수 있는 다른 사례 찾아보기	학급전체토의

Ⅲ 5학년 수학적 모델링 프로그램 사례

1. 장갑디자이너

모델링 제목	장갑 디자이너		학년/학기	5학년 2학기
모델링 내용	넓이와 관련된 실생활 문제 해결하기(Pick의 정리)			
단원 및 영역	주단원명	5-1 6. 평면도형의 둘레와 넓이 (측정 영역)	수학원리	-넓이공식 -Pick의 정리
	부단원명	5-2 6. 넓이와 무게		
학습목표	넓이와 관련된 실생활 문제를 해결할 수 있다.		학습자료	손그림이 그려진 모눈종이, Geoboard

수학적 모델링 과정	교수 · 학습 활동 내용 및 수업의 전개
실세계 문제	◈ 준비활동(학급 전체 토의)

1) 동기유발 및 과제 제시

- 학습자의 실세계 맥락과 연계된 수학적 모델링 과제를 제시

★★ 장갑디자이너로 유명한 당신과 당신동료는 때때로 야구선수들을 위한 딱 맞는 장갑을 만들어 달라는 주문을 받을 때도 있답니다. 야구선수 박찬호가 당신에게 그의 손에 딱 맞는 장갑 한쌍을 만들어 달라는 부탁을 하는군요. 그는 그의 손의 모양을 따라 그린 종이를 주었답니다. 당신이 이러한 주문용 장갑을 만들 때 한짝의 경우, 앞 · 뒷면을 합쳐서 $1cm^2$당 100원을 받기로 하였습니다. 정확하게 박찬호 선수의 장갑 두짝을 만든다면 장갑 두짝의 가격은 얼마가 되는지 알아봅시다.

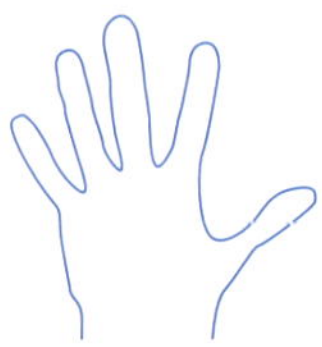

<김민경(2004). 넓이관련 열린문제에 관한 문제해결과정 분석, 수학교육 43(3). p282 인용>

※특수제작 장갑으로 손의 두께나 손목 부분 넓게 제작할 필요없음.

2) 문제 상황 확인

- 주어진 문제 상황의 내용 알아보기, 문제에 주어진 정보 확인하기
- 가로, 세로 1cm인 정사각형의 넓이를 $1cm^2$라고 가정하고, 다양한 다각형의 넓이 구하는 방법 상기
- 모눈종이에 그려진 다각형의 넓이 구하기(Geoboard 이용 : 여러 가지 방법으로 구하기 : Pick 정리 도입하여 학생들이 경험할 수 있게 함. Pick 공식을 찾아내도록 유도)
- 주어진 문제 상황에 대하여 학급 전체의 친구들과 이야기를 나누기

<table>
<tr><td>모델</td><td>◈ 모델유도활동(소그룹 활동)

1) 문제 상황의 관찰, 이해 및 단순화
- 문제해결을 위해 활용해야 할 정보를 선택하기
- 문제 상황을 단순화하여 문제 해결을 위해 해야 할 일 생각해보기
- 문제 상황을 정리하여 활동지에 기록하기

2) 모델 형성
- 박찬호 선수 손의 넓이를 예측하기 위해 어떠한 정보들을 알아야 하며, 필요한 각각의 정보들을 어떤 방법으로 수집해야 할지 기록하기
- 문제를 어떤 순서로, 어떻게 해결하면 좋을지 문제해결에 대한 과정 및 전략에 대한 계획을 세우고 기록하기
- 정보수집하기-과제 수행에 필요한 정보를 수집하는데 사용한 방법, 정보에 대한 조사·수집 과정 및 결과들을 기록하기
- 결정한 방법을 사용하여 구한 박찬호 선수 손의 넓이를 구하고 기록하기</td></tr>
<tr><td>수학적 결론</td><td>◈ 모델탐색활동(프리젠테이션)
- 활동 정리 하기[모델탐색활동 1]
☞ 문제를 실제로 어떤 순서로, 어떻게 해결하였는지 문제해결과정을 되돌아보고, 과제 수행에 활용된 수학적 개념, 원리, 법칙에 대해 기록하기
- 발표 준비하기[모델탐색활동 2]
☞ 모둠별로 과제 수행 과정 및 결과에 대하여 발표할 내용 기록하기
- 모둠별로 개발한 모델을 발표하기
☞ 모둠별로 완성한 모델에 대하여 발표하기
- 다른 모둠들이 완성한 모델에 포함된 수학적 개념, 원리, 법칙 찾기[모델탐색활동 3]</td></tr>
<tr><td>모델 적용</td><td>◈ 모델적용활동(학급 전체 토의)
- 모둠별 설계도 중에서 가장 적절한 모델에 대하여 의견을 공유하고, 더 좋은 방법이 있을지에 대해 이야기 나누기[모델적용활동 1]
- 모자나 신발의 경우 개발된 모델을 어떻게 활용할 것인지에 대하여 의견을 나누고, 과제를 수행하는 과정에서 사용했던 방법을 활용할 수 있는 다른 사례 찾아보기[모델적용활동 2]</td></tr>
</table>

5-나 활동개요	장갑 디자이너	5학년 반 ( )모둠 모둠원 : ( )

※ 다음의 문제 상황을 읽고, 문제를 해결하여 봅시다.

장갑디자이너로 유명한 당신과 당신동료는 때때로 야구선수들을 위한 딱 맞는 장갑을 만들어 달라는 주문을 받을 때도 있답니다. 야구선수 박찬호가 당신에게 그의 손에 딱 맞는 장갑 한쌍을 만들어 달라는 부탁을 하는군요. 그는 그의 손의 모양을 따라 그린 종이를 주었답니다. 당신이 이러한 주문용 장갑을 만들 때 한짝의 경우, 앞 · 뒷면을 합쳐서 1㎠당 100원을 받기로 하였습니다. 정확하게 박찬호 선수의 장갑 두짝을 만든다면 장갑 두짝의 가격은 얼마가 되는지 알아봅시다.

<김민경(2004). 넓이관련 열린문제에 관한 문제해결과정 분석, 수학교육 43(3). p282 인용>

※ 특수제작 장갑으로 손의 두께나 손목 부분 넓게 제작할 필요없음.

※ 문제를 해결하면서 수행과제를 완성해봅시다.

과정	활동내용	활동형태
준비활동	· 주어진 문제 상황에 대하여 학급 전체의 친구들과 이야기를 나누기	학급전체토의
모델유도활동	· 문제 상황을 정리하여 활동지에 기록하기 · 어떤 경로를 선택할지 어떠한 정보들을 알아야 하며, 필요한 각각의 정보들을 어떤 방법으로 수집해야 할지 기록하기 · 문제를 어떤 순서로, 어떻게 해결하면 좋을지 문제해결에 대한 과정 및 전략에 대한 계획을 세우고 기록하기 · 정보수집하기-과제 수행에 필요한 정보를 수집하는데 사용한 방법, 정보에 대한 조사·수집 과정 및 결과들을 기록하기-박찬호 선수의 손의 넓이를 알아보기 위한 정보 구하기 · 조사된 정보수집 결과를 바탕으로 여러 가지 활동들의 순서 및 내용 기록하기	소그룹 활동
모델탐색활동	· 활동 정리하기-문제를 어떤 순서로 어떻게 해결하였는지 되돌아보고, 문제해결과정에 사용된 수학적 개념/원리/법칙 기록하기 · 발표 준비하기-모둠별로 과제 수행 과정 및 결과에 대하여 발표할 내용 기록하기 · 모둠별로 완성한 활동지에 대하여 발표하기 · 각 모둠에 포함된 수학적 개념, 원리, 법칙 찾기	프리젠테이션
모델적용활동	· 모둠별 문제 해결 방법 중에서 가장 적절한 방법에 대하여 의견 나누고, 더 좋은 방법이 있을지에 대해 이야기 나누기 · 모자나 신발의 경우 과제를 수행하는 과정에서 사용했던 방법을 활용할 수 있는 사례 찾아보기	학급전체토의

2. 배낭여행

모델링 제목	배낭여행		학년/학기	5학년 2학기
모델링 내용	소수의 곱셈과 관련된 실생활 문제를 해결하기			
단원 및 영역	주단원명	5-2 1. 소수의 곱셈(수와 연산 영역)	수학원리	소수의 곱셈
	부단원명	5-2 4. 소수의 나눗셈(수와 연산 영역)		
학습목표	소수의 곱셈과 관련된 실생활 문제를 해결할 수 있다.		학습자료	계산기 등

수학적 모델링 과정	교수 · 학습 활동 내용 및 수업의 전개
실세계 문제	◈ 준비활동(학급 전체 토의)

1) 동기유발 및 과제 제시

－학습자의 실세계 맥락과 연계된 수학적 모델링 과제를 제시

★★ 2010년 FIFA 월드컵은 남아프리카 공화국에서 개최됩니다. 우리 모둠은 우리나라의 월드컵 예선 경기를 응원하기 위해 배낭여행을 떠나기로 하였습니다. A조에서 H조까지 8개의 조에 각 4개의 나라가 출전하여 총 32개의 나라가 참여합니다. 각 조마다 예선 경기는 나라당 3번 이루어지고 승률 점수에 따라서 예선 각조의 4개의 국가들 중 2개의 국가만이 16강에 진출합니다. 우리나라 예선 경기 일정은 다음과 같습니다.

시간	예선 상대 국가	장소
6월 12일(토) 오후 7:30	대한민국 VS 그리스	넬슨 만델라 베이 스타디움
6월 17일(목) 오후 7:30	대한민국 VS 아르헨티나	사커 시티 스타디움
6월 23일(수) 오후 7:30	대한민국 VS 나이지리아	더반 스타디움

배낭여행에 들어갈 경비들을 생각해봅시다(한사람 기준). 남아프리카공화국으로 취항하는 비행기는 현재 3군데이며 축구 경기장 인근 숙소는 하루에 2인 기준으로 10만원 정도이며(1인까지 추가될 수 있으며 가격은 3만원), 식비는 한끼당 1만원 내외를 정하였습니다.

	캐세이퍼시픽 항공	사우트아프리카 항공	싱가폴 항공
스케쥴	① 서울⇨홍콩 (19:45 출발, 22:35도착) ② 홍콩에서 10시간 15분 대기 ③ 홍콩⇨요하네스버그 (8:50 출발, 16:10 도착)	① 서울⇨홍콩 (19:40 출발, 22:20 도착) ② 홍콩에서 1시간 30분 대기 ③ 홍콩⇨요하네스버그 (23:50 출발 07:10 도착)	① 서울⇨싱가폴 (16:15 출발, 21:45 도착) ② 싱가폴에서 9시간 15분 대기 ③ 싱가폴⇨요하네스버그 (07:00 출발, 11:45 도착)
가격	왕복 117만 6천원(체류기간 3개월), 137만 2천원(1년)	왕복 137만 2천원(체류기간 1년)	왕복 107만 8천원(체류기간 3개월), 156만 8천원(1년)

위의 경비를 오늘의 환전 시세로 바꾸어봅시다. A, B, C은행의 환전시세와 수수료는 다음과 같습니다.

<table>
<tr><td></td><td>

	환전 시세	비고
A 은행	한국 1000 원 =남아프리카 공화국 6.59 란드	
B 은행	한국 1000 원 =남아프리카 공화국 6.85 란드	잃어버릴 위험 없이, 당일 공항에서 남아프리카 공화국 돈을 찾을 수 있음
C 은행	한국 1000 원 =남아프리카 공화국 6.91 란드	단체 4명 이상의 경우, 여행자 보험 무료

또한 학교에서는 1주일 이내의 여행(공휴일 포함)은 체험학습으로 인정하여 출석처리가 가능하다고 합니다. 자, 배낭여행을 떠나볼까요?

2) 문제 상황 확인
– 주어진 문제 상황의 내용 알아보기, 문제에 주어진 정보 확인하기
</td></tr>
<tr><td>모델</td><td>
◆ 모델유도활동(소그룹 활동)
1) 문제 상황의 관찰, 이해 및 단순화[모델유도활동 1]
– 문제해결을 위해 활용해야 할 정보를 선택하기
– 문제 상황을 단순화하여 문제 해결을 위해 해야 할 일 생각해보기
2) 모델 형성
– 문제를 해결하기 위해서는 어떤 전략을 사용하여야 하며, 어떤 과정을 거쳐야 할지 계획하고 기록하기[모델유도활동 2]
– 정보수집하기
☞ 과제 수행에 필요한 정보를 수집하는데 사용한 방법, 정보에 대한 조사·수집 과정 및 결과들을 기록하기[모델유도활동 3]
– 조사된 정보수집 결과를 바탕으로 활동지 수행하기
☞ 학습 과정에서 수행한 여러 가지 활동들의 순서 및 내용 기록하기[모델유도활동 4]
</td></tr>
<tr><td>수학적 결론</td><td>
◆ 모델탐색활동(프리젠테이션)
– 활동 정리 하기[모델탐색활동 1]
☞ 문제를 실제로 어떤 순서로, 어떻게 해결하였는지 문제해결과정을 되돌아보고, 과제 수행에 활용된 수학적 개념, 원리, 법칙에 대해 기록하기
– 발표 준비하기[모델탐색활동 2]
☞ 모둠별로 과제 수행 과정 및 결과에 대하여 발표할 내용 기록하기
– 모둠별로 개발한 모델을 발표하기
☞ 모둠별로 완성한 모델에 대하여 발표하기
– 다른 모둠들이 완성한 모델에 포함된 수학적 개념, 원리, 법칙 찾기[모델탐색활동 3]
</td></tr>
<tr><td>모델 적용</td><td>
◆ 모델적용활동(학급 전체 토의)
– 모둠별 설계도 중에서 가장 적절한 모델에 대하여 의견을 공유하고, 더 좋은 방법이 있을지에 대해 이야기 나누기[모델적용활동 1]
– 다른 나라에 갈 경우, 개발된 모델을 어떻게 활용할 것인지에 대하여 의견을 나누고, 과제를 수행하는 과정에서 사용했던 방법을 활용할 수 있는 다른 사례 찾아보기[모델적용활동 2]
</td></tr>
</table>

5-나 활동개요	배낭여행	5학년 반 ( )모둠 모둠원 : ( )

※ 다음의 문제 상황을 읽고, 문제를 해결하여 봅시다.

2010년 FIFA 월드컵은 남아프리카 공화국에서 개최됩니다. 우리 모둠은 우리나라의 월드컵 예선 경기를 응원하기 위해 배낭여행을 떠나기로 하였습니다. A조에서 H조까지 8개의 조에 각 4개의 나라가 출전하여 총 32개의 나라가 참여합니다. 각 조마다 예선 경기는 나라당 3번 이루어지고 승률 점수에 따라서 예선 각조의 4개의 국가들 중 2개의 국가만이 16강에 진출합니다. 배낭여행에 들어갈 경비들을 한 사람 기준으로 생각해봅시다. 남아프리카공화국으로 취항하는 비행기는 현재 3군데이며 축구 경기장 인근 숙소는 하루에 2인 기준으로 10만원 정도이며(1인까지 추가될 수 있으며 가격은 3만원), 식비는 한끼당 1만원 내외를 정하였습니다. 이 경비를 오늘의 환전 시세로 바꾸어봅시다. 또한 학교에서는 1주일 이내의 여행(공휴일 포함)은 체험학습으로 인정하여 출석처리가 가능하다고 합니다. 자, 배낭여행을 떠나볼까요?

※ 문제를 해결하면서 수행과제를 완성해봅시다.

과정	활동내용	활동형태
준비활동	· 주어진 문제 상황에 대하여 학급 전체의 친구들과 이야기를 나누기	학급전체토의
모델유도활동	· 문제 상황을 정리하여 활동지에 기록하기 · 어떤 경로를 선택할지 어떠한 정보들을 알아야 하며, 필요한 각각의 정보들을 어떤 방법으로 수집해야 할지 기록하기 · 문제를 어떤 순서로, 어떻게 해결하면 좋을지 문제해결에 대한 과정 및 전략에 대한 계획을 세우고 기록하기 · 정보수집하기-과제 수행에 필요한 정보를 수집하는데 사용한 방법, 정보에 대한 조사·수집 과정 및 결과들을 기록하기 · 조사된 정보수집 결과를 바탕으로 여러 가지 활동들의 순서 및 내용 기록하기	소그룹 활동
모델탐색활동	· 활동 정리하기-문제를 어떤 순서로 어떻게 해결하였는지 되돌아보고, 문제해결과정에 사용된 수학적 개념/원리/법칙 기록하기 · 발표 준비하기-모둠별로 과제 수행 과정 및 결과에 대하여 발표할 내용 기록하기 · 모둠별로 완성한 활동지에 대하여 발표하기 · 각 모둠에 포함된 수학적 개념, 원리, 법칙 찾기	프리젠테이션
모델적용활동	· 모둠별 문제 해결 방법 중에서 가장 적절한 방법에 대하여 의견 나누고, 더 좋은 방법이 있을지에 대해 이야기 나누기 · 다른 나라에 갈 경우 과제를 수행하는 과정에서 사용했던 방법을 활용할 수 있는 사례 찾아보기(필요한 경비, 스케쥴 등은 인터넷 사용 가능)	학급전체토의

3. 티셔츠 주문하기

<table>
<tr><td>모델링 제목</td><td colspan="2">티셔츠 주문하기</td><td>학년/학기</td><td>5학년 2학기</td></tr>
<tr><td>모델링 내용</td><td colspan="4">티셔츠 주문을 학급학생들의 평균으로 나타내기</td></tr>
<tr><td rowspan="2">단원 및 영역</td><td>주단원명</td><td>5-2 5. 자료의 표현(규칙성과 문제해결 영역)</td><td rowspan="2">수학원리</td><td rowspan="2">평균</td></tr>
<tr><td>부단원명</td><td>5-2 4. 소수의 나눗셈(수와 연산 영역)</td></tr>
<tr><td>학습목표</td><td colspan="2">평균과 관련된 실생활 문제를 해결할 수 있다.</td><td>학습자료</td><td>줄자, 자 등</td></tr>
<tr><td>수학적 모델링 과정</td><td colspan="4">교수 · 학습 활동 내용 및 수업의 전개</td></tr>
</table>

실세계 문제

◈ 준비활동(학급 전체 토의)

1) 동기유발 및 과제 제시
 - 학습자의 실세계 맥락과 연계된 수학적 모델링 과제를 제시

학예회가 다가오고 있습니다. 우리반은 음악 시간에 연습한 리코더로 합주하면서 28명 모두 단체티를 입기로 하였습니다. 내가 학급 회장이라서 아이들의 단체티 개수를 주문하려고 합니다. 몇 군데의 업체를 알아본 결과, 정보는 다음과 같습니다.

	A 업체	B 업체
개당 가격	개당 3500원	개당 4000원 (단, 10장 사면 티셔츠 1장이 무료)
특징	원하는 모양을 넣을 수 있음 (앞면만 넣으면 개당 700원, 앞뒷면을 넣으면 개당 1400원 추가)	색깔을 원하는 것으로 넣을 수 있음(개당 600원 추가)
치수	15호 가슴둘레 75cm-총기장 51cm 16호 가슴둘레 81cm-총기장 53.5cm 17호 가슴둘레 88cm-총기장 58cm 18호 가슴둘레 92cm-총기장 60cm 19호 가슴둘레 96cm-총기장 64cm	14호 가슴둘레 70cm-총기장 49cm 15호 가슴둘레 76cm-총기장 51cm 16호 가슴둘레 79cm-총기장 54.5cm 17호 가슴둘레 87cm-총기장 57cm 18호 가슴둘레 92cm-총기장 60cm 19호 가슴둘레 97cm-총기장 63cm

(가슴둘레: 양쪽 겨드랑이의 끝과 끝, 총기장: 뒷목점에서 밑단 끝까지)
색깔을 넣거나, 모양을 넣는 등의 두가지 옵션 중 반드시 하나가 들어가서 우리반의 만족도를 높여야 하면서도, 이 중 가장 저렴하여 가격경쟁력도 있는 단체티를 선택하여 주문해볼까요?

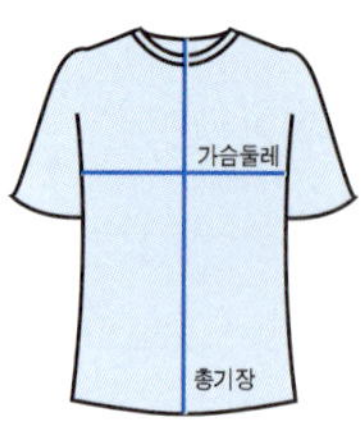

2) 문제 상황 확인
 - 주어진 문제 상황의 내용 알아보기, 문제에 주어진 정보 확인하기

<table>
<tr><td>모델</td><td>◈ 모델유도활동(소그룹 활동)

1) 문제 상황의 관찰, 이해 및 단순화
- 문제해결을 위해 활용해야 할 정보를 선택하기
- 문제 상황을 단순화하여 문제 해결을 위해 해야 할 일 생각해보기
☞ 우리반 학생들의 몸에서 어떤 부분을 측정해야 할지 생각하기

2) 모델 형성
- 문제를 해결하기 위해서는 어떤 전략을 사용하여야 하며, 어떤 과정을 거쳐야 할지 계획하고 기록하기[모델유도활동 2]
- 정보수집하기
☞ 단체티 주문에 필요한, 인체치수를 생각해보고 그것을 수집하는데 사용한 방법, 정보에 대한 조사·수집 과정 및 결과들을 기록하기[모델유도활동 3]
- 조사된 정보수집 결과를 바탕으로 학생의 평균 사용하기
☞ 수행한 여러 가지 활동들의 순서 및 내용 기록하기[모델유도활동 4]</td></tr>
<tr><td>수학적 결론</td><td>◈ 모델탐색활동(프리젠테이션)
- 활동 정리 하기[모델탐색활동 1]
☞ 문제를 실제로 어떤 순서로, 어떻게 해결하였는지 문제해결과정을 되돌아보고, 과제 수행에 활용된 수학적 개념, 원리, 법칙에 대해 기록하기
- 발표 준비하기[모델탐색활동 2]
☞ 모둠별로 과제 수행 과정 및 결과에 대하여 발표할 내용 기록하기
(주어진 조건을 충족할 수 있도록 색깔과 모양에 대한 옵션 고려하기)
- 모둠별로 개발한 모델을 발표하기
☞ 모둠별로 완성한 모델에 대하여 발표하기
- 다른 모둠들이 완성한 모델에 포함된 수학적 개념, 원리, 법칙 찾기[모델탐색활동 3]</td></tr>
<tr><td>모델 적용</td><td>◈ 모델적용활동(학급 전체 토의)
- 모둠별 설계도 중에서 가장 적절한 모델에 대하여 의견을 공유하고, 더 좋은 방법이 있을지에 대해 이야기 나누기[모델적용활동 1]
- 단체모자나 단체 머리띠를 주문하려고 할 때의 의견을 나누고, 과제를 수행하는 과정에서 사용했던 방법을 활용할 수 있는 다른 사례 찾아보기[모델적용활동 2]</td></tr>
</table>

5-나 활동개요	티셔츠 주문하기	5학년 반 ( )모둠 모둠원 : ( )

※ 다음의 문제 상황을 읽고, 문제를 해결하여 봅시다.

학예회가 다가오고 있습니다. 우리반은 음악 시간에 연습한 리코더로 합주하면서 28명 모두 단체티를 입기로 하였습니다. 내가 학급 회장이라서 아이들의 단체티 개수를 주문하려고 합니다. 몇 군데의 업체를 알아본 결과, 개당 가격, 특징, 치수가 모두 달랐습니다. 최종적으로 두 업체를 고르게 되어 색깔을 넣거나, 모양을 넣는 등의 두가지 옵션 중 반드시 하나가 들어가서 우리반의 만족도를 높여야 하면서도, 이 중 가장 저렴하여 가격경쟁력도 있는 단체티를 선택하여 주문해볼까요?

※ 문제를 해결하면서 수행과제를 완성해봅시다.

과정	활동내용	활동형태
준비활동	· 주어진 문제 상황에 대하여 학급 전체의 친구들과 이야기를 나누기	학급전체토의
모델유도활동	· 문제 상황을 정리하여 활동지에 기록하기 · 어떤 티셔츠를 선택할지 어떠한 정보들을 알아야 하며, 필요한 각각의 정보들을 어떤 방법으로 수집해야 할지 기록하기(우리반 학생들의 몸에서 어떤 부분을 측정할지 생각하기) · 문제를 어떤 순서로, 어떻게 해결하면 좋을지 문제해결에 대한 과정 및 전략에 대한 계획을 세우고 기록하기 · 정보수집하기-과제 수행에 필요한 정보를 수집하는데 사용한 방법, 정보에 대한 조사·수집 과정 및 결과들을 기록하기 · 조사된 정보수집 결과를 바탕으로 여러 가지 활동들의 순서 및 내용 기록하기	소그룹 활동
모델탐색활동	· 활동 정리하기-문제를 어떤 순서로 어떻게 해결하였는지 되돌아보고, 문제해결과정에 사용된 수학적 개념/원리/법칙 기록하기 · 발표 준비하기-모둠별로 과제 수행 과정 및 결과에 대하여 발표할 내용 기록하기(주어진 조건을 충족하기 위해 색깔이나 모양 옵션 고려하기) · 모둠별로 완성한 활동지에 대하여 발표하기 · 각 모둠에 포함된 수학적 개념, 원리, 법칙 찾기	프리젠테이션
모델적용활동	· 모둠별 문제 해결 방법 중에서 가장 적절한 방법에 대하여 의견 나누고, 더 좋은 방법이 있을지에 대해 이야기 나누기 · 변화된 상황(단체모자나 단체띠의 주문 상황)과제를 수행하는 과정에서 사용했던 방법을 활용할 수 있는 사례 찾아보기	학급전체토의

Ⅳ 6학년 수학적 모델링 프로그램 사례

1. 모자 모델리스트(Hat Modelist)

<table>
<tr><td>모델링 제목</td><td colspan="3">모자 모델리스트(Hat Modelist)</td><td>학년/학기</td><td>6학년 2학기</td></tr>
<tr><td>모델링 내용</td><td colspan="5">자신의 머리에 맞는 연극 소품 모자 제작하기</td></tr>
<tr><td rowspan="2">단원 및 영역</td><td>주단원명</td><td colspan="2">2. 입체도형(도형)</td><td rowspan="2">수학원리</td><td rowspan="2">입체도형의 전개도</td></tr>
<tr><td>부단원명</td><td colspan="2">4. 원과 원기둥(측정)</td></tr>
<tr><td>학습목표</td><td colspan="2">여러 가지 방법으로 실생활 관련 문제를 해결할 수 있다.</td><td>학습자료</td><td colspan="2">컴퍼스, 골판지, 줄자, 자, 색종이, 가위, 풀 등</td></tr>
<tr><td>수학적 모델링 과정</td><td colspan="5">교수 · 학습 활동 내용 및 수업의 전개</td></tr>
<tr><td>실세계 문제</td><td colspan="5">◈ 준비활동(학급 전체 토의)
1) 동기유발 및 과제 제시
– 학습자의 실세계 맥락과 연계된 수학적 모델링 과제를 제시

6학년 3반 학생들은 말하기 · 듣기 · 쓰기 시간에 “모자 장수”를 제목으로 모둠별로 꾸며 쓴 극본을 재량활동 시간에 연극으로 상연하기로 했습니다. 모자 모델리스트가 되어 연극 소품으로 필요한 여러 가지 모양의 모자들을 만들려고 합니다. 모둠별로 여러 가지 모양의 모자를 구상하여 겨냥도를 그리고(2가지 이상), 모둠원을 선정하여 모자 제작에 필요한 치수를 잰 후, 모둠원의 머리에 맞는 모자를 2가지 모양으로 만들어봅시다.

2) 문제 상황 확인
– 주어진 문제 상황의 내용 알아보기, 문제에 주어진 정보 확인하기</td></tr>
<tr><td>모델</td><td colspan="5">◈ 모델유도활동(소그룹 활동)
1) 문제 상황의 관찰, 이해 및 단순화[모델유도활동 1]
– 문제해결을 위해 활용해야 할 정보를 선택하기
– 문제 상황을 단순화하여 문제 해결을 위해 해야 할 일 생각해보기
☞ 여러 가지 모양의 모자를 구상하여 겨냥도를 그려 보고, 실제로 모자를 만들기 위해서는 어떠한 정보들을 알아야 하며, 필요한 각각의 정보들을 어떤 방법으로 수집해야 할지 생각하기
2) 모델 형성
– 문제를 해결하기 위해서는 어떤 전략을 사용하여야 하며, 어떤 과정을 거쳐야 할지 계획하고 기록하기[모델유도활동 2]
– 정보수집하기[모델유도활동 3]
☞ 과제 수행에 필요한 정보를 수집하는데 사용한 방법, 정보에 대한 조사·수집 과정 및 결과들을 기록하기(측정 과정 및 결과 포함)</td></tr>
</table>

모델	- 조사된 정보수집 결과를 바탕으로 2가지 모자의 전개도를 그리고, 실제 모자로 만들기[모델유도활동 4] ☞ 모자의 전개도를 그리고 실제 모자를 제작하는 과정에서 수행한 여러 가지 활동들의 순서 및 내용 기록하기
수학적 결론	◈ 모델탐색활동(프리젠테이션) - 활동 정리하기[모델탐색활동 1] ☞ 문제를 실제로 어떤 순서로, 어떻게 해결하였는지 문제해결과정을 되돌아보고, 과제 수행에 활용된 수학적 개념, 원리, 법칙에 대해 기록하기 - 발표 준비하기[모델탐색활동 2] ☞ 모둠별로 과제 수행 과정 및 결과에 대하여 발표할 내용 기록하기 - 모둠별로 개발한 모델을 발표하기 ☞ 모둠별로 그린 모자의 겨냥도, 전개도 및 완성된 모자에 대하여 발표하기 - 다른 모둠들이 그린 모자의 겨냥도, 전개도 및 완성된 모자에 포함된 수학적 개념·원리·법칙 찾기[모델탐색활동 3]
모델 적용	◈ 모델적용활동(학급 전체 토의) - 모둠별로 완성한 모자들 중에서 처음에 구상한 것과 일치하게 겨냥도와 전개도가 그려지고, 모자가 제작된 작품 선정하기[모델적용활동 1] - 모자의 모양이나 측정 결과 등 변화된 상황이 주어질 경우, 개발된 모델을 어떻게 활용할 것인지에 대하여 의견을 나누고, 과제를 수행하는 과정에서 사용했던 방법을 활용할 수 있는 다른 사례 찾아보기[모델적용활동 2]

6-나 활동개요	모자 모델리스트(Hat Modelist)	6학년 반 ( )모둠 모둠원 : ( )

※ 다음의 문제 상황을 읽고, 문제를 해결하여 봅시다.

6학년 3반 학생들은 말하기·듣기·쓰기 시간에 "모자 장수"를 제목으로 모둠별로 꾸며 쓴 극본을 재량활동 시간에 연극으로 상연하기로 했습니다. 모자 모델리스트가 되어 연극 소품으로 필요한 여러 가지 모양의 모자들을 만들려고 합니다. 모둠별로 여러 가지 모양의 모자를 구상하여 겨냥도를 그리고(2가지 이상), 모둠원을 선정하여 모자 제작에 필요한 치수를 잰 후, 모둠원의 머리에 맞는 모자를 2가지 모양으로 만들어봅시다.

※ 문제를 해결하면서 수행과제를 완성해봅시다.

과정	활동내용	활동형태
준비활동	· 주어진 문제 상황에 대하여 학급 전체의 친구들과 이야기를 나누기	학급전체토의
모델유도활동	· 문제 상황을 정리하여 활동지에 기록하기 · 여러 가지 모양의 모자를 구상하여 겨냥도를 그려 보고, 실제로 모자를 만들기 위해서는 어떠한 정보들을 알아야 하며, 필요한 각각의 정보들을 어떤 방법으로 수집해야 할지 기록하기(측정 대상이 될 모둠원 선정 과정 포함) · 문제를 어떤 순서로, 어떻게 해결하면 좋을지 문제해결에 대한 과정 및 전략에 대한 계획을 세우고 기록하기 · 정보수집하기-과제 수행에 필요한 정보를 수집하는데 사용한 방법, 정보에 대한 조사·수집 과정 및 결과들을 기록하기(측정 과정 및 결과 포함) · 조사된 정보수집 결과를 바탕으로 실제로 만들게 될 2가지 모자의 전개도를 그리고 실제 모자로 만들기-모자의 전개도를 그리고 실제 모자를 제작하는 과정에서 수행한 여러 가지 활동들의 순서 및 내용 기록하기	소그룹 활동
모델탐색활동	· 활동 정리하기-문제를 실제로 어떤 순서로, 어떻게 해결하였는지 문제해결과정을 되돌아보고, 문제해결과정에 사용된 수학적 개념/원리/법칙에 대하여 기록하기 · 발표 준비하기-모둠별로 과제 수행 과정 및 결과에 대하여 발표할 내용 기록하기 · 모둠별로 그린 모자의 겨냥도, 전개도 및 완성된 모자에 대하여 발표하기 · 다른 모둠들이 그린 모자의 겨냥도, 전개도 및 완성된 모자에 포함된 수학적 개념, 원리, 법칙 찾기	프리젠테이션
모델적용활동	· 모둠별로 완성한 모자들 중에서 처음에 구상한 것과 일치하게 겨냥도와 전개도가 그려지고, 모자가 제작된 작품 선정하기 · 모자의 모양이 변하거나 측정 결과가 바뀌는 등 변화된 상황이 주어질 경우, 문제해결과정에 사용했던 방법을 어떻게 활용할 수 있을지 생각해보고, 과제를 수행하는 과정에서 사용했던 방법을 활용할 수 있는 다른 사례 찾아보기	학급전체토의

2. 시티 투어(City Tour)

<table>
<tr><td>모델링 제목</td><td colspan="3">시티 투어(City Tour)</td><td>학년/학기</td><td>6학년 2학기</td></tr>
<tr><td>모델링 내용</td><td colspan="5">주변의 여러 고궁/박물관 및 과학관/생태공원에 대한 정보를 검색하여 두 곳을 선택하는 경우의 수를 구하고, 가장 효율적으로 다녀올 수 있는 두 곳 선택하기</td></tr>
<tr><td rowspan="2">단원 및 영역</td><td>주단원명</td><td colspan="2">6. 경우의 수(확률과 통계)</td><td rowspan="2">수학원리</td><td rowspan="2">경우의 수</td></tr>
<tr><td>부단원명</td><td colspan="2">8. 문제 푸는 방법 찾기(규칙성과 문제해결)</td></tr>
<tr><td>학습목표</td><td colspan="2">경우의 수와 관련된 실생활 관련 문제를 해결할 수 있다.</td><td>학습자료</td><td colspan="2">컴퓨터(인터넷), 백과사전 등</td></tr>
<tr><td>수학적 모델링 과정</td><td colspan="5">교수·학습 활동 내용 및 수업의 전개</td></tr>
<tr><td>실세계 문제</td><td colspan="5">◈ 준비활동(학급 전체 토의)

1) 동기유발 및 과제 제시
- 학습자의 실세계 맥락과 연계된 수학적 모델링 과제를 제시

6학년 3반 학생들은 사회과 및 과학과 조사 학습 과제를 위하여 모둠별(모둠별 인원: 4명)로 서울의 여러 고궁/박물관/과학관/생태공원들 중 두 곳을 선택하여 시티 투어를 하려고 합니다. 인터넷을 활용하여 서울에 있는 여러 고궁/박물관/과학관/생태공원들의 위치, 교통편 등에 대한 다양한 정보를 검색하여 선택이 가능한 모든 경우를 찾고, 가장 효율적으로 다녀올 수 있는 두 곳을 선택한 후, 어떤 경로를 통해 다녀와야 하는지 설명하여봅시다.

2) 문제 상황 확인
- 주어진 문제 상황의 내용 알아보기, 문제에 주어진 정보 확인하기</td></tr>
<tr><td>모델</td><td colspan="5">◈ 모델유도활동(소그룹 활동)

1) 문제 상황의 관찰, 이해 및 단순화[모델유도활동 1]
- 문제해결을 위해 활용해야 할 정보를 선택하기
- 문제 상황을 단순화하여 문제 해결을 위해 해야 할 일 생각해보기
☞ 시티 투어 장소로 두 곳을 결정하기 위해서는 어떠한 정보들을 알아야 하며, 각 정보들의 내용을 어떠한 기준과 방법으로 비교해야 할지 생각해보기

2) 모델 형성
- 문제를 해결하기 위해서는 어떤 전략을 사용하여야 하며, 어떤 과정을 거쳐야 할지 계획하고 기록하기[모델유도활동 2]
- 정보수집하기[모델유도활동 3]
☞ 주어진 정보를 통해 시티 투어 장소로 선택할 수 있는 여러 가지 가능한 경우들과 경우의 수를 생각해보고 활동지에 기록하기
- 선택 가능한 여러 가지 경우에 대한 정보수집 결과를 바탕으로 문제 상황에 가장 적합한 경우를 구하고, 가장 적합한 경우를 구하는 과정에서 수행한 여러 가지 활동들의 순서 및 내용을 기록하기(장소 선택에 대한 구체적인 이유 및 설명 포함)[모델유도활동 4]
☞ 가능한 여러 가지 경우들 중에서 문제 상황에 대한 답으로 가장 적절한 경우 결정하기</td></tr>
</table>

수학적 결론	◈ 모델탐색활동(프리젠테이션) – 활동 정리하기[모델탐색활동 1] ☞ 문제를 실제로 어떤 순서로, 어떻게 해결하였는지 문제해결과정을 되돌아보고, 과제 수행에 활용된 수학적 개념, 원리, 법칙에 대해 기록하기 – 발표 준비하기[모델탐색활동 2] ☞ 모둠별로 과제 수행 과정 및 결과에 대하여 발표할 내용 기록하기 – 모둠별로 개발한 모델을 발표하기 ☞ 모둠별로 문제를 해결하는 방법 및 과정, 문제 상황에 가장 적절한 경우에 대하여 발표하기 – 다른 모둠들이 발표한 문제해결과정에 포함된 수학적 개념·원리·법칙 찾기[모델탐색활동 3]
모델 적용	◈ 모델적용활동(학급 전체 토의) – 여러 가지 문제해결방법 중에서 가장 적절한 방법에 대하여 의견을 공유하고, 더 좋은 방법이 있을지에 대하여 이야기 나누기[모델적용활동 1] – 교통비 혹은 교통편 제한 등 변화된 상황이 주어질 경우, 개발된 모델을 어떻게 활용할 것인지에 대하여 의견을 나누고, 과제수행에 사용했던 방법을 활용할 수 있는 다른 사례 찾아보기[모델적용활동 2]

6-나 활동개요	시티 투어(City Tour)	6학년 반 ( )모둠 모둠원 : ( )

※ 다음의 문제 상황을 읽고, 문제를 해결하여 봅시다.

> 6학년 3반 학생들은 사회과 및 과학과 조사 학습 과제를 위하여 모둠별(모둠별 인원: 4명)로 서울의 여러 고궁/박물관/과학관/생태공원들 중 두 곳을 선택하여 시티 투어를 하려고 합니다. 인터넷을 활용하여 서울에 있는 여러 고궁/박물관/과학관/생태공원들의 위치, 교통편 등에 대한 다양한 정보를 검색하여 선택이 가능한 모든 경우를 찾고, 가장 효율적으로 다녀올 수 있는 두 곳을 선택한 후, 어떤 경로를 통해 다녀와야 하는지 설명하여봅시다.

※ 문제를 해결하면서 수행과제를 완성해봅시다.

과정	활동내용	활동형태
준비활동	· 주어진 문제 상황에 대하여 학급 전체 친구들과 이야기를 나누기	학급전체토의
모델유도활동	· 문제 상황을 정리하여 활동지에 기록하기 · 시티 투어 장소로 두 곳을 결정하기 위해 어떠한 정보들을 알아야 하며, 각 정보들의 내용을 어떠한 기준과 방법으로 비교해야 할지 기록하기 · 문제를 어떤 순서로, 어떻게 해결하면 좋을지 문제해결에 대한 과정 및 전략에 대한 계획을 세우고 기록하기 · 정보수집하기–주어진 정보를 통해 시티 투어 장소로 선택할 수 있는 여러 가지 가능한 경우들과 경우의 수를 생각해보고 활동지에 기록하기 · 선택 가능한 여러 가지 경우에 대한 정보수집 결과를 바탕으로 문제 상황에 가장 적합한 경우를 구하고, 가장 적합한 경우를 구하는 과정에서 수행한 여러 가지 활동들의 순서 및 내용을 기록하기(장소 선택에 대한 구체적인 이유 및 설명 포함)	소그룹 활동
모델탐색활동	· 활동 정리하기–문제를 실제로 어떤 순서로, 어떻게 해결하였는지 문제해결과정을 되돌아보고, 문제해결과정에 사용된 수학적 개념/원리/법칙에 대하여 기록하기 · 발표 준비하기–모둠별로 과제 수행 과정 및 결과에 대하여 발표할 내용 기록하기 · 모둠별로 문제를 해결하는 방법 및 과정, 문제 상황에 가장 적절한 경우에 대하여 발표하기 · 다른 모둠들이 발표한 문제해결과정에 포함된 수학적 개념/원리/법칙을 찾고 기록하기	프리젠테이션
모델적용활동	· 모둠별 문제해결방법 중에서 가장 적절한 방법에 대하여 의견 나누고, 더 좋은 방법이 있을지에 대해 이야기 나누기 · 교통비 제한 등 변화된 상황이 주어질 경우, 개발된 모델을 어떻게 활용할 것인지에 대하여 의견을 나누고, 과제수행에 사용했던 방법을 활용할 수 있는 다른 사례 찾아보기	학급전체토의

3. 6학년 남녀탐구생활

<table>
<tr><td>모델링 제목</td><td colspan="2">6학년 남녀탐구생활</td><td>학년/학기</td><td>6-가</td></tr>
<tr><td>모델링 내용</td><td colspan="4">6학년 친구들을 대상으로 설문 조사를 하여 비율 그래프로 나타내보고 결과를 분석하여 6학년 친구들의 의식 조사 자료를 만든다.</td></tr>
<tr><td rowspan="2">단원 및 영역</td><td>주단원명</td><td>비율그래프</td><td rowspan="2">수학원리</td><td rowspan="2">비율,
비율그래프</td></tr>
<tr><td>부단원명</td><td>(ICT 활용 수업)</td></tr>
<tr><td>학습목표</td><td colspan="2">설문조사 결과를 비율그래프로 나타내고 자료를 바르게 해석할 수 있다.</td><td>학습자료</td><td>ppt, 전지, 색연필, 싸인펜</td></tr>
<tr><th>수학적 모델링 과정</th><th colspan="4">교수 · 학습 활동 내용 및 수업의 전개</th></tr>
<tr><td>실세계 문제</td><td colspan="4">◈ 준비활동(학급 전체 토의)

1) 동기유발 및 과제 제시
- 학습자의 실세계 맥락과 연계된 수학적 모델링 과제를 제시

태랑초등학교에서는 매달 발행되는 태랑소식 신문에 친구들의 생각이나 생활을 담은 자료들을 실을 예정입니다. 내용으로는 6학년 친구들의 생각이나 의견을 모아 '6학년 남녀탐구생활' 자료집을 싣기로 하였습니다. 여러 가지 설문 문항을 제작하여 6학년 전체 어린이를 대상으로 설문 조사를 실시한 후 이에 대한 결과를 분석하여 자료집을 만들어봅시다.

2) 문제 상황 확인
- 주어진 문제 상황의 내용 알아보기, 문제에 주어진 정보 확인하기</td></tr>
<tr><td>모델</td><td colspan="4">◈ 모델유도활동(소그룹 활동)

1) 문제 상황의 관찰, 이해 및 단순화[모델유도활동1]
- 문제 상황을 단순화하여 문제 해결을 위해 해야 할 일 생각해보기
- 어떠한 정보들을 알아야 하며, 필요한 각각의 정보들을 어떤 방법으로 수집해야 할지 기록하기

2) 모델 형성
- 문제를 어떤 순서로, 어떻게 해결하면 좋을지 문제해결에 대한 과정 및 전략에 대한 계획을 세우고 기록하기
- 문제 해결 과정에서 수행한 여러 가지 활동들의 순서 및 내용 기록하기
☞ 설문 문항 만들기, 한눈에 알아보기 쉽게 설문 결과 정리하는 방법 정하기
설문 결과를 정리한 내용 기록하기(그림, 표, 그래프 등 다양한 방법으로)</td></tr>
</table>

수학적 결론	◈ 모델탐색활동(프리젠테이션) - 활동 정리하기 ☞ 문제를 실제로 어떤 순서로, 어떻게 해결하였는지 문제해결과정을 반추하여 써보기 - 발표 준비하기 ☞ 모둠별로 과제 수행 과정 및 결과에 대하여 발표할 내용 기록하고 발표 시나리오 작성, ppt 만들기 - 모둠별로 설문 결과 및 분석 자료발표하기 - 다른 모둠들의 설문 결과와 분석 자료 속에서 수학적 개념, 원리, 법칙 찾기 ☞ 결과를 한눈에 알아보기 쉽게 정리한 방법, 활용한 수학적 개념이나 원리 찾기
모델 적용	◈ 모델적용활동(학급 전체 토의) - 모둠별로 만들어낸 설문자료에 대하여 의견 나누기 ☞ 결과를 한눈에 알아보기 쉽게 정리한 방법이 정당했는지, 장·단점 등 - 새로운 상황에 적용해보기 ☞ 우리 학년이 아닌, 우리 학교 전체로 바꾸어 본다면 어떻게 해야 할지, 어떤 점이 달라질지 의견 나누어 보기

6-가 활동개요	6학년 남녀탐구생활	6학년 반 ( )모둠 모둠원 : ( )

※ 다음의 문제 상황을 읽고, 문제를 해결하여 봅시다.

태랑초등학교에서는 매달 발행되는 태랑소식 신문에 친구들의 생각이나 생활을 담은 자료들을 실을 예정입니다. 내용으로는 6학년 친구들의 생각이나 의견을 모아 '6학년 남녀탐구생활' 자료집을 싣기로 하였습니다. 여러 가지 설문 문항을 제작하여 6학년 전체 어린이를 대상으로 설문 조사를 실시한 후 이에 대한 결과를 분석하여 자료집을 만들어봅시다.

※ 문제를 해결하면서 수행과제를 완성해봅시다.

과정	활동내용	활동형태
준비활동	· 주어진 문제 상황에 대하여 학급 전체의 친구들과 이야기를 나누기	학급전체토의
모델유도활동	· 문제 상황을 정리하여 활동지에 기록하기 · 어떠한 정보들을 알아야 하며, 필요한 각각의 정보들을 어떤 방법으로 수집해야 할지 기록하기 · 문제를 어떤 순서로, 어떻게 해결하면 좋을지 문제해결에 대한 과정 및 전략에 대한 계획을 세우고 기록하기 · 문제 해결 과정에서 수행한 여러 가지 활동들의 순서 및 내용 기록하기(설문 문항 만들기, 설문 결과 정리 방법 등)	소그룹 활동
모델탐색활동	· 활동 정리하기-문제를 실제로 어떤 순서로, 어떻게 해결하였는지 문제해결과정을 되돌아보기 · 발표 준비하기-모둠별로 과제 수행 과정 및 결과에 대하여 발표할 내용 기록하기 · 모둠별로 설문 결과 및 분석 자료발표하기 · 다른 모둠들의 설문 결과와 분석 자료 속에서 수학적 개념, 원리, 법칙 찾기	프리젠테이션
모델적용활동	· 모둠별로 만들어낸 설문자료 분석에 대하여 의견 나누기 · 더 좋은 방법이 있을지에 대해 이야기 나누기 · 우리학년이 아닌, 우리 학교 전체, 우리나라 6학년 학생 전체로 바꾸어 본다면 어떻게 달라질지 의견 나누어 봅시다. (표집수가 많아진다면? 직접조사가 가능할지 혹은 더 좋은 방법이 있는지/ 분석 결과는 어떻게 달라질지 등을 예상·추론해보기)	학급전체토의

찾아보기

김민경
이화여자대학교 수학과 (이학사)
이화여자대학교 교육대학원 수학교육전공 (교육학석사)
미국 Iowa State University
Dept. of Curriculum & Instruction (Ph.D)
현재 이화여자대학교 초등교육과 교수

수학적 모델링
- 초등수학 중심으로 -

2010년 12월 10일 초판 인쇄
2010년 12월 17일 초판 발행

저 자 / 김민경
발행자 / 오판근
발행처 / 교우사

주 소 / 서울 동대문구 제기2동 148-19
전 화 / 925-2861(代), 편집부 / 925-2825
팩 스 / 925-2860
E-mail / kyowoo@kyowoo.co.kr
http://www.kyowoo.co.kr

등록 / 1994. 3. 24 제6-0256호

ISBN 978-89-8172-864-9 (93410)
값 13,000원